呈現道地風味 **Charcuterie**

熟食冷肉
正統技術大全

LINDENBAUM

3

前言

熟食冷肉 Charcuterie，泛指所有肉類加工食品的法語。 肉腸 Saucisse、 火腿 Jambon、 培根 Bacon、 肉醬 Pâté、 凍派 Terrine 都是，就概括的意義而言，叉燒也算是熟食冷肉之一。

Charcuterie 的語源，有一說是源自法語的 chair（肉）和 cuite（加熱）；也有來自英語 Sausage，由 sauce（鹽水）和 age（熟成）而來的說法；另一說，則是從拉丁語的 salsus（鹽漬）而形成。 如此各種語言都有的淵源，可知食品肉類加工，自古以來各地皆有，自然形成進而被享用。 德國、 義大利、 西班牙，都有其獨特的詞彙。

追溯歷史，大約距今 3500 年前，埃及近中東地方，就有食用的記載，約在 3000 年前希臘的市場即有銷售。 古希臘的書籍－奧德賽（Odyssey）也寫著：「在山羊的袋中填滿了脂肪和血，烘烤的食物」，類似近代血腸般的描述，令人興致盎然。

血腸，本來就是將動物的血液裝入內臟中，毫不浪費將其食用的發想。 在法國，將蘋果、 菠菜、 核桃和豬頭肉混拌；在西班牙則是用米；愛爾蘭填入的是燕麥等。 即使是相同的外觀，但因各國的風土氣候、 民族的差異，也會使用各種不同的材料，發展出具獨特性的肉類加工品。

在加工品聖地的歐洲修習時，學到了「tail to nose 從尾巴到鼻尖」、「一點肉都不能白白浪費」，或許可以說是以前太貧窮才會有如此的想法，但要如何辨識每一種動物哪個部位味美？如何調整保存期間？使其與吃相關連的智慧，思考尊重生命等，這些現今不可遺忘，作為人的基本，凝聚縮影在這個工作中。

本書主要沿用法國和德國的技術製作，即使同樣的肉腸Saucisse或風乾肉腸Salami，也可能在製作方法或思惟上相反而造成困擾。 正因如此，將其視為文化並接受，就是在此想要傳達的心態。

在日本的歷史中，一直是以肉類確實結著、入口時肉汁飛濺，德國肉腸Saucisse的技術為基礎。 我自己個人也因學習推進，對於法式或德式一直很難取捨。 但隨著進入肉凍或凍派的製作，對加工肉類的各種考量，而有所頓悟。

話雖如此，肉腸Saucisse的基本「結著」現象，我真正感覺理解其真髓，是在每天製作將近10年之後，這幾年終於理解。 而在瞭解肉類結著之後，就像打開了控制閥般，實際地感受到自己所思考的美味表現，視野有了更大範圍的展開。

本書對於想要嘗試熟食冷肉Charcuterie的製作者而言，是以「安全的」、「相對容易製作」來呈現。 當然不能捨棄美味，對於所有的成品，同一款品項的配方試作了無數次，將其中最美味的食譜改良成易於製作，並且抱著對於未能前往歐洲取經者，也能輕鬆理解的想法來完成本書。

除此之外，鄉村凍派Terrine de campagne或血腸Boudin等傳統食品，或者因冠以此名而必須遵循的規定，也都以此為基準，介紹最基本的配方。 基本，看似簡單，搭配組合也簡單，在此請大家先從基本的食譜出發。

為了製作出道地的風味，首先請務必吸收瞭解本書的基礎知識，接著才能發展出自己的創作，希望大家都能從中獲得熟食冷肉Charcuterie的樂趣。

contents

contents

熟食冷肉的
正統技術

知識篇

· · · · · · · · · · · · · · · ·

原料肉

鮮度是第一優先

肉類，請預備盡可能新鮮的肉品。新鮮的肉品被細菌污染或腐敗的風險較低，並且也具有充足肉品加工時必備的鹽溶性蛋白質（Salt-soluble proteins）。若是新鮮的肉品，即可依其用途區隔立即使用，或是使其略熟成後使用。

熟食冷肉，最常被使用的是豬肉，但即便是豬肉，「品種」、「品牌」也是令人在意之處。

在日本飼育的豬隻品種，以藍瑞斯（Landrace）種、英國中白豬（Middle White）、約克夏大白豬（Large White）、杜洛克豬（Duroc pig）、盤克夏豬（Berkshire pig）等為主。但至目前為止，飼育最多的是由當中三個品種混合培育的「三元豬」。這些品種都各有其缺點，以其他品種之長補其不足，混合培育出作為食用豬隻的雜交種，在日本市場中最受歡迎的就是三元豬。

另一方面，品牌豬隻，是將以上品種或三元豬，依飼主所堅持的飼料或飼育方法所培育出的豬隻。這些豬肉主要作為餐食使用（市售的食用豬肉），故而肉質佳、脂肪成分也恰到好處的美味，因此最適合製作成火腿Jambon、培根Bacon、科西嘉肉腸Salciccia等，肉類風味與製成品有直接相關的種類。

日本近年來，飼育者努力飼養的三元豬於市場大量流通，如此一來，打平成本與肉品的鮮度應該都是極佳狀態。其中最重要的一點，相較於品牌更應選擇使用最佳鮮度的肉品（被保存管理在－2～＋3℃之間，屠宰5日內的肉品）。

認識瞭解部位特徵並區分使用

然而每頭豬隻，都有著各式各樣部位的脂肪與肉塊，並且各有其風味、口感、與不同脂肪融點等特徵。在加工肉品的製造上，會各別選出再加以調合，以製作發揮其風味及口感特色。

在德國，有稱作GEHA式的肉類選擇法，一旦理解後就非常方便，但因略為複雜，所以推薦本書所使用，法國或義大利簡單的肉類選擇方法。

本書各項食譜配方中所記述的肉類，都是依循右頁的基準而進行，請大家參考右頁的內容。

並且，將法國、德國豬隻各部位所相對應的肉品，各別以照片的方式呈現（請參照P.14）。

主要肉腸Saucisse或凍派Terrine等，由下述的6種肉品組合構成。

豬五花肉 I

豬瘦肉 I

豬硬脂肪

豬瘦肉 II

豬軟脂肪

豬五花肉 II

	本書中的標示	特　徵	法　式	德　式
	豬瘦肉 I	作出紋路用的肉品。 幾乎沒有脂肪或筋膜。	Maigre 1	S1、S2
	豬瘦肉 II	絞肉用肉品。脂肪或筋膜少。 含10%脂肪。	Maigre 2	S3
	豬五花肉 I	五花肉。脂肪較少，含30%脂肪。	Maigre 3	S4
	豬五花肉 II	五花肉。脂肪較多，含50%脂肪。	Gorge	S5、S6
	豬硬脂肪	硬質脂肪。	Gras dur	S7、S8
	豬軟脂肪	五花肉前端柔軟部分。 前腿脂肪、背脂、後腿肉的脂肪。	Mouille	S10

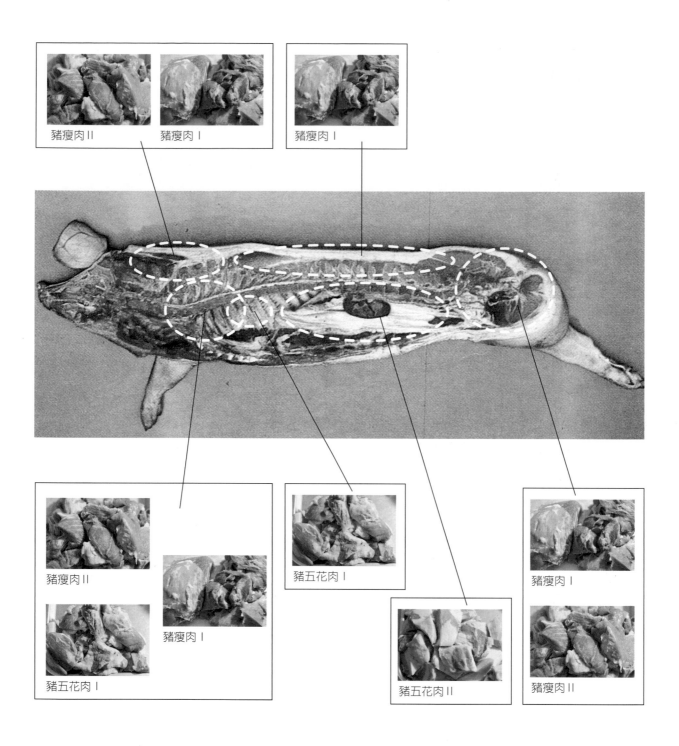

豬瘦肉 II　　豬瘦肉 I　　　　豬瘦肉 I

豬瘦肉 II

豬瘦肉 I

豬五花肉 I

豬五花肉 I

豬五花肉 II

豬瘦肉 I

豬瘦肉 II

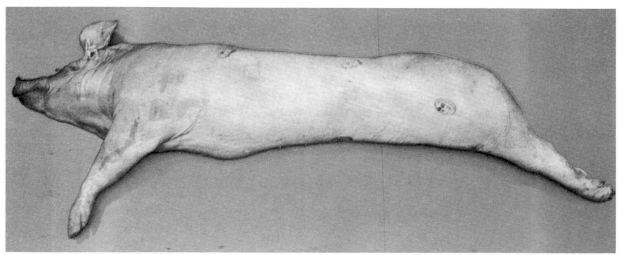

製作肉腸Saucisse或凍派Terrine時，最常被使用的就是豬前腿肉。雖然也會有個體上的差異，但幾乎前述的6種肉品都屬於前腿肉附近，再補充少許的五花肉、瘦肉，就能製作成肉腸或凍派了。

 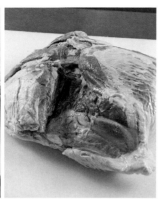

豬前腿肉　　　　　　　　豬後腿肉

另一方面，豬後腿肉或肩里脊肉，可以被加工製成生火腿Coppa或火腿Jambon。因容易釋出水分，視個人喜好也有人將其製成風乾肉腸Salami，但這個部位的肉，筋膜纖維粗，風味一般，作為肉腸或凍派的材料時，口感和風味上會略顯不足。此外，豬後腿肉的脂肪融點較低，脂肪的質量也不適合進行加工，因此可用於補足脂肪使用不足時。

多作幾次之後，大致就能掌握肉類的狀態，也就能明白即使是瘦肉，也有帶著脂肪的略白肉、也有顏色略紅的肉。而里昂肉腸Saucisse de Lyon（P.108）或凍派等成品中帶有紋樣的種類，就是使用顏色略濃的紅色瘦肉，若是加入作為填餡時，為表現出其對比層次，就會使用略白的瘦肉，如此就能清楚地呈現出漂亮的紋路了。

脂肪也會有個體差異，即使相同部位，也會有融點高低的不同、美味與否的差別，所以不斷地累積經驗非常重要。

關於肉質基準，世界的共通標示

肉質的區分，有PSE、DFD、RFN的基準。

「PSE」是取用Pale（色淡）、Soft（柔軟）、Exudative（具滲水性）的字首而來，在日本，也被稱為水樣肉，保水性、黏著性差，即使加工後，良率及口感都不好。

反之「DFD」是Dark（色濃）、Firm（肉質緊實）、Non exudative（無滲水）。

雖然本書沒有採行這三種標示，但若能牢記，必定會有所助益。

其他的肉類

熟食冷肉當中，使用的不僅是豬肉，牛、羊、鴨、兔肉或野味等各種肉類，都可豐富地變化運用。

除了這些肉類所製成的熟食冷肉之外，有很多是豬肉搭配其他肉類一起使用。這類的產品中，以單種肉品製成的雖然也很多，但更多時候是多種肉類混合一起使用。也因而藉著這樣的混合，能夠製作成具特殊味道，風味圓融且豐富的成品。

近幾年，大家將目光焦點集中在對農作有害的野味（鹿、豬等）並靈活運用。有著特殊風味的野味，利用熟食冷肉的知識和技術，就能將這些特殊風味轉變成珍饈。請不要想著以強烈的味道來消除這些特殊風味，而請試著多下工夫，將這些味道轉變成美好的滋味。

能夠美味地品嚐享用，也是對貢獻生命的動物們，最衷心的謝意。

鹽

鹽，對肉類加工而言，是非常重要的構成要素，同時也具有各種作用。能添加鹹味、脫水、保水、黏著、乳化、保存、抑制細菌等，因此是不可或缺的材料。

鹽有各式各樣的種類，主要的成分是呈現鹹味的氯化鈉（NaCl）。若提及風味的差異，就在於因為鹽粒的大小、形狀（片狀、粒狀、粉狀）會使溶化方式不同，因此風味及口感上也會有比較大的差別。

肉類食品加工中，鹽分的需求就是氯化鈉（NaCl）的含量，因此請先確認包裝上的標示再使用。我個人平時使用的是氯化鈉（NaCl）含量98%以上的德國岩鹽，但想要含較多鹽滷時，則一般氯化鈉（NaCl）含量就會在90%左右，此時就要下點工夫將食譜中的鹽用量調整成1.1倍。

一般而言，德國使用岩鹽、法國和義大利則大多使用海鹽，但並不會產生影響風味的程度，所以在日本只要挑選自己喜歡的鹽即可。

鹽，與其說是添加物不如說是食品，因此並沒有使用上限，但基於鹽味的濃重與健康上的考量，用量是逐年減少中。話雖如此，但若極度地減少時，如同前述所提，鹽的重要作用就會因而消失，所以請視狀況加以調整。

風乾肉腸Salami或生火腿Coppa等，請注意食品衛生法當中的規定，相對於1000g的肉類，必須使用3%以上的鹽。

保色劑

使用保色劑的原因

··

作為保色劑被認可的食品添加物，有亞硝酸鈉和硝酸鉀、硝酸鈉三種，本書使用的是亞硝酸鈉。亞硝酸鈉無法直接被保存使用，必須以釋稀鹽「NPS」的狀態來使用。

使用保色劑的優點，包括促進肉類色素的呈色，使肉色穩定呈現漂亮的粉紅色，同時還能防止脂質的氧化。不只如此，最重要的是能抑制具有強烈毒性的肉毒桿菌、大腸桿菌O-157的繁殖，也能讓被稱為醃製風味curing flavour的火腿Jambon、肉腸Saucisse散發出獨特吸引人的香氣或風味，並且具有能修正肉腥味的作用，優點大勝於缺點。

但是唯一的缺點，就是有報告指出亞硝酸納具強烈的毒性，長期過度攝取時有害身體健康。因此，根據科學論述遵守適度的規定用量（並無使用量的標準，但在食品衛生法當中規定，殘留量70ppm以下，也就是70mg/kg），可避免其危險性。

此外，需要注意的是食品衛生法中，保色劑不能用在炸豬排的材料、調味過的新鮮肉品、新鮮漢堡肉等半成品當中，因此本章節中第1章的新鮮肉腸Saucisse不能使用。僅在火腿、肉腸、培根、以及其他此類的「食用肉類加工製品」中使用。

食品肉類加工的製造販賣，必須具有專門許可

使用肉類的製品，可以自由地在家裡或餐廳製作完成。但肉類含量50%以上，進行加熱或同等處理者則視為「食品肉類製品」，要將此製品單獨出售外帶時，就必須要有食品肉類製品製造業的許可。

因此，在餐廳中享用後覺得美味的「自製肉腸Saucisse」，或是麵包店內作為三明治夾餡的「自製火腿」，卻無法單獨購買這些製品，正是這個原因。

將其盛盤作為餐廳沙拉當中的一種食材，或是夾在麵包當中作為三明治來販售，以「加工後售出」就無妨。

是否使用「保色劑」等添加物，在販售上有食品衛生法的細則規範。關於製作食品肉類製品販售，屬於各自治單位的衛生部所管轄。想要更加瞭解詳情，請洽所屬的衛生部門洽詢。

本書中，保色劑是以稀釋鹽「NPS」的形態來使用

本書除了第1章之外的所有章節，都使用以食鹽稀釋（混合）的亞硝酸鈉，材料名稱為「NPS（Nitritpökelsalz）」（並非所有的製品都有使用）。這些會由下述所標示的份量來調合使用。

話雖如此，本來保色劑的份量相對1kg的肉類，僅使用1～2g的程度。每次配合使用肉類的用量進行量測實在辛苦，也容易產生誤差。在歐洲，通常是用鹽將其稀釋成稀釋鹽「NPS」的狀態來銷售。

即使在日本，販售的也是與食鹽混合後的產品，但相較於歐洲的NPS，濃度較高，所以請依下述將其調合，稀釋後使用。

保色劑的使用方法

以食鹽將保色劑製劑*稀釋成10倍的「稀釋鹽NPS」，相對於1000g的肉類添加10～20g。

在日本市面上流通販售的保色劑製品
（含有10%的亞硝酸鈉）

稀釋鹽NPS的製作方法

［ 配方比例 ］

保色劑製劑*（含有10%的亞硝酸鈉）…100g

食鹽（細粒）…900g

肉豆蔻Nutmeg或多香果Allspice…10g

　以上均勻混合（使亞硝酸鈉含量成為1%。）

※ 肉豆蔻或多香果，與肉類或其他香料的相適性佳，視覺上或香氣上都很容易與食鹽辨別，加入
　 其中有助於區分。

並且，本書的各食譜配方中，使用的是以上述配方比例調合的「稀釋鹽NPS」，依其標示亞硝酸鈉的殘存量在70ppm以下，請充分閱讀理解上述內容。

專業上使用必要的保色劑（食品添加物）
不使用稀釋鹽NPS，置換等量的食鹽也能完成製作

　　雖然肉腸Saucisse、火腿Jambon、培根Bacon都可以不添加保色劑完成製作，但本書配方使用了保色劑。若是堅持無添加，或是有各種原因無法使用「稀釋鹽NPS」時，可依照本書當中的配方比例，以等量食鹽來替換NPS，也能完成製作。本書的配方比例，也會標示出「NPS或食鹽」。

　　在製作完成當下就立刻供餐食用的餐廳，或許日本國內大多「僅使用食鹽」也說不定。但若是想要重現當地正統經典的風味時，保色劑就不可或缺，這是我個人在當地研習、至海外各國考察、回到日本又努力了10年之後的深刻感受，也是我個人的看法。作為完成製作一種食品來說，顏色、香氣之外，更重要的是對食品安全性所負的責任。

　　本書中，介紹的都是用量上經過周嚴的考量，並且能完全呈現正統風味的配方。請大家正確地理解，並嘗試重現當地的美味吧。

其他的保色劑

· ·

　　硝酸鈉有時也會作為保色劑來運用。在保色劑的效果上，硝酸鈉必須經過硝酸還原菌的作用，還原成亞硝酸後才能得到效果，必須要等待一段時間才能呈現。此外，還原過程至今都還無法十分清楚地為分析出來，因此無法計算其殘留量，所以我個人不推薦使用。

　　此外，雖然有以蔬菜精華為基底的亞硝酸鈉替代品，但最終利用的仍是蔬菜精華中所含亞硝酸鹽的還原作用，所以優點和缺點也相同。

代用品的範例（ベジステーブル）

有效地使用發色輔助劑

使用亞硝酸鈉時，會添加抗壞血酸（Ascorbic acid）（維生素C）作為發色輔助劑。添加NPS中所含的亞硝酸鈉4倍用量的抗壞血酸，藉由平衡分子量以促進呈色。

通常，比例是相對於1000g的肉類，適度地添加1g（雖然略多）的抗壞血酸，作為抗氧化劑並促進還原呈色，也能使亞硝酸鹽的殘留變少。

抗壞血酸（維生素C）鈉

關於代用品

順道一提，經常會聽到以岩鹽代替保色劑的說法。但是，作為食品流通於市面的岩鹽當中，並不含硝酸鈉或硝酸鉀。

另外，也請瞭解洋蔥或平葉巴西利中，可能殘留化學肥料所含的硝酸鹽成分，這些發生化學反應後，可以變化成亞硝酸鹽，也能使肉類呈色。充分加熱的漢堡肉，會呈現粉紅色澤，就是這個呈色作用的結果。即使如此，這樣的呈色反應是不穩定的，重現其影響的可能性相對低，因此無法依賴其產生作用。

還有非常容易被大家錯認的事，就是砂糖、抗壞血酸（維生素C）都是無法發色的。砂糖頂多是硝酸還原菌的誘餌；而抗壞血酸僅能促進發色還原而已。

結著劑

結著劑，大致可以分為以下三大類。

1) 磷酸鹽（食品添加物）

2) 蛋白質為主的物質，種類有酪蛋白、乳清加工物、膠原蛋白、肝臟、雞蛋、血液等

3) 澱粉

關於磷酸鹽

磷酸鹽當中有焦磷酸鈉（Sodium pyrophosphate）、三磷酸鈉（Sodium tripolyphosphate）、偏磷酸鈉（Sodium metaphosphate）等，無論哪一種都是作為結著補強劑的食品添加物。使用條件和用量雖然都沒有上限，但使用了這些可以讓肉腸Saucisse有更爽脆的咬勁，更佳的口感。若僅以鹽來代替，口感的差異會變成完全不同的肉腸。

話雖如此，肉類當中所含鹽溶性蛋白質的肌凝蛋白（Myosin）和肌動蛋白（Actin），雖然屠宰後經過一段時間以及其他的因素，會使其成為肌動球蛋白（Actomyosin）而失去結著力，但如上述般，藉由添加磷酸鹽，可以還原肌凝蛋白和肌動蛋白，再次回復其高度結著力和保水力。

也可以用維生素C的加工品來代用，但以成本上的考量，則不夠實際。

磷酸鹽

關於蛋白質以及澱粉

蛋白質和澱粉，可以填補肉與肉的間隙形成交叉鏈接（cross-link），宛如結著劑的作用。與肉類同樣地，這些物質在熱變性後才能發揮其作用，沒有加熱就無法展現作用。

首先，2）的雞蛋或肝臟有乳化作用的成分卵磷脂（磷脂質）或脂蛋白，還有乳清加工物，也是擁有乳化力的製品。但作為乳化劑使用或是作為結著使用，必須要充分理解製品內容與作業過程再區分使用。使用方式的不同，會製作出完全不同的成品。

3）澱粉，在食品肉類加工上使用的是馬鈴薯澱粉。

雖然用於料理的玉米粉在70～72℃時會產生糊化，但必須長時間高溫加熱。另一方面，馬鈴薯澱粉的糊化溫度是60～65℃，即使是加工肉類的低溫加熱，也能得到高黏度的糊化成效，所以一般會使用這種澱粉。用量通常是2～5%。

其他，還有乾燥的海藻或大豆蛋白等各式各樣的物質，但一般還是會使用上述的材料。

糖

糖，有很多種類，而其分子構造也各不相同。無論哪一種都能嚐出甜味是共通點，但機能和作用各有差異，因此必須要能理解各種糖類的內容，依其用途來區分使用。

砂糖（蔗糖）主要用於增添風味，增加甜味。會作用在烘托西瓜甜味與食鹽併用，以呈現對比效果；或是抑制鹹度使風味更加圓融的抑制功效；使用食鹽時脫水或保水效果之輔助作用等。

水飴（水麥芽）、海藻糖的甜度較低，具有保水性，因此會用在保水與增加甜味時。

糖類，主要是在製作風乾肉腸Salami時，作為具呈色效果的硝酸還原菌等菌類的誘餌，使活躍的乳酸菌或硝酸，轉變成亞硝酸鹽而添加。因砂糖的分子量較大，所以能立即被食用的誘餌是單糖的葡萄糖。反之，以長時間鹽漬為目的，與硝酸鉀併用作為保色劑時，就會選用砂糖（蔗糖）。硝酸還原菌經過一段時間，可以一邊將雙糖類的砂糖分解，一邊吸收。

而且，葡萄糖或水飴（水麥芽）當糖類與肉類的蛋白質反應後，很容易產生褐色的梅納反應，所以也會用於製作叉燒肉等。

香料

香料Spice，是將新鮮或乾燥後的材料磨細、搗碎或是用水或油萃取出其中的香味成分後使用。

用於增添香味或風味、保存、抗菌等各種作用，但這些會因溫度、濕氣、光等而氧化、變質。並且也可能會有黴菌、細菌、芽孢菌的附著，因此在保存或使用上必須多加注意。

要解決這些問題的方法之一，就是由製作食品肉類加工用香料的廠商，製作出吸附香氣、風味萃取精華的澱粉糖，名為coating spice的產品。有單種的香料，也有各式用於肉類加工食品的混合香料。品質安定也不易劣化，使用十分方便，建議大家選用。

使用綜合香料時，也無需擔心製品的個人化特色消失。使用的肉品不同、機器、製作者也不同，即便使用相同的香料，也會製作出香氣和味道完全不同的成品。

當然，堅持自家配方也是其中之一。此時，建議購買各種新鮮的整顆香料，注意其鮮度地保存，每次使用的部分再以研磨機（Grinding）或磨缽磨細。如此就能保持香氣，也不用擔心氧化或劣化。

用於各種加工肉類製品的調合綜合香料

上段左至右	阿拉伯肉腸香料 Merguez spice、克拉庫爾肉腸香料 Krakauer spice、四香粉 Quatre épices
中段左至右	巴伐利亞白腸香料 Weißwurst spice、檸檬粉
下段左至右	冷肉香料 Aufschnitt spice、德式肉腸香料 Bratwurst spice、維也納肉腸香料 Wiener spice

菌種

食品製造上，要如何控制菌種和細菌是面臨的最大課題。

菌種之中，有會引發食物中毒的有害菌種，也有能在製作風乾肉腸Salami或生火腿Coppa發揮一臂之力的有用菌種，所以理解菌種的種類及其性質，非常重要。

例如，風乾肉腸Salami若僅添加食鹽風乾，無法呈現出風味和酸味。借助菌種的力量，降低酸鹼值（pH），呈現出酸味，利用將蛋白質分解成氨基酸以釋出其美味。

使用於風乾肉腸的菌種是乳酸菌、特殊的葡萄球菌，以及成為表面菌種的白黴菌等。在歐美地區也有不添加的狀況，但即使如此，最終大多仍會利用棲息於該場所的菌種，就日本而言，就像是存在於酒窖中酵母般的菌種。

日本和歐美，因氣候風土不同，菌種當然會有很大的差異。

若剛好都是優良菌種當然非常好，但實際上有害菌種更多。野生菌種之中有害，或是會導致形成令人不快風味的也相當多，使其成為良好菌種其實是要花費相當多的時間和費用。

在熟成窖中放置沾上了白黴菌的起司，或風乾肉腸時，雖然白黴菌也會沾附在新的風乾肉腸上，但大多時候在沾附上白黴菌前，會先沾上有害的黑黴或青黴菌，進而成為失敗的原因。所以盡可能地不依賴野生菌，建議使用單純培養出的菌種。

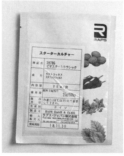

乳酸菌

白黴菌

酸味劑、pH 調節劑

本書中標示GDL，是被稱為葡萄糖酸內酯（Glucono delta-lactone）的天然食品添加劑，雖然用於火腿Jambon、肉腸Saucisse時會被標示成酸味劑或pH調節劑，但也經常被用在作為豆腐或起司的凝固劑，或是脆餅及甜甜圈的膨脹劑。

葡萄糖酸內酯（GDL）藉由與水分的接觸，變化成葡萄糖酸（Gluconic acid），能在短時間內降低酸鹼值（pH）。要讓僅使用乳酸菌製作的風乾肉腸Salami的酸鹼值（pH）降低，必須要一週左右的時間並注意溫度控管。但藉由添加葡萄糖酸內酯（GDL）可以迅速地將酸鹼值（pH）降至安全範圍，是其優點。

但以葡萄糖酸內酯（GDL）製作風乾肉腸時，雖然能呈現酸味，但會增加氨基酸，所以想要製作出美味的風乾肉腸，就必須合併使用乳酸菌了。

當然，不使用乳酸菌，僅使用葡萄糖酸內酯（GDL）製作風乾肉腸也是可行的，但這樣的製作就屬於不需要熟成窖的簡略製法。並且，葡萄糖酸內酯（GDL）也會被用在使肉類成為酸性，以提高其保存性為最優先目的之時。經過整理後，可以表列如下。

製作風乾肉腸時

	乳酸菌	GDL（使用3〜4g/kg）	
A型	◎	無	→ 最一般性的製作方法
B型	◎	○	→ 迅速降低pH，無失敗地完成
C型	無	◎	→ 無熟成窖時的方法 美味成分較少的可行之法

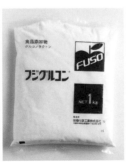

酸味劑、pH 調節劑

腸衣

所謂的腸衣（Casing），指的是填裝以肉類製成的內餡。簡而言之，就是容納肉腸Saucisse等的筒狀物。腸衣主要有從動物內臟取得的天然腸衣，和人工製成的人工腸衣兩種。

天然腸衣，有豬、牛、羊等的腸、盲腸，其粗細、長度也會因動物個體差異而有各種尺寸，可依用途選擇使用。

一般市面常見都是經過鹽漬的，因此必須放入水中還原使用。浸泡冷水一晚，或是在使用前10分鐘浸泡於溫水中，這些做法因人而異，我個人是置於冰水20分鐘左右還原使用。

此外，天然腸衣若有剩餘，可以撒上食鹽，充分擰乾水分後，置於冷藏稍加保存。一旦泡過水的腸衣還是請儘早使用。

人工腸衣，除了有肉腸Saucisse或風乾肉腸Salami、生火腿Coppa用，以膠原蛋白製作的可食性腸衣之外，還有里昂肉腸Saucisse de Lyon或火腿Jambon、肝腸Leberwurst用，塑膠或纖維素（Cellulose）製成的不可食腸衣。

各有其特性，像是：剝除性佳（由肉類上剝除程度）、容易貼合（貼合性）肉類食材、或是會隨著風乾肉腸、生火腿一起收縮，配合製品進行設計。

以上都是浸泡在溫水約30分鐘後使用。

聰明區分腸衣的使用方法

依照肉腸Saucisse的種類，腸（腸衣）的種類及尺寸，會因該國的文化背景、常識或習慣而選用。此時，雖然以此為優先考量，但若無特別指定或有複數尺寸時，則依個人喜好來選擇亦無妨。

區分使用肉腸的腸衣時，可以試著用相同的材料填裝至粗細不同的腸衣來烹調看看，應該可以感受到不同的紋理及風味。多試幾次，我想就能確實掌握住自己的喜好了。

左起使用的是羊腸、豬腸、牛腸

天然腸衣

基本上可食用

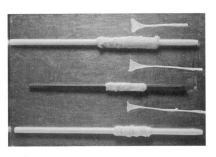

羊腸

柔軟，所以可以直接食用

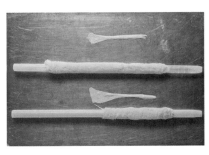

豬腸

較厚較硬，因此燙煮後剝除食用也沒關係。煎烤後容易裂開，也會變得方便食用

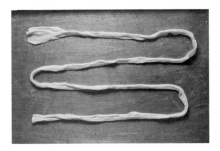

牛腸

較厚，所以幾乎都是剝除後食用。但用於風乾肉腸 Salami 時會直接食用

牛的盲腸

與牛腸相同，剝除食用，但用於風乾肉腸時會直接食用

人工腸衣

有可食與不可食

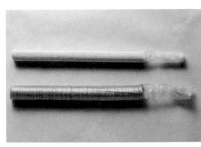

膠原蛋白腸衣

以膠原蛋白為原料，所以可食，但口感劣於天然腸衣

彩色腸衣

有鮮艷的顏色、圖案。本書用於肝腸 Leberwurst

纖維腸衣 Fibrous casing

無論哪一種都不可食。煙燻型用於火腿。上面的，有細小的孔洞可以排出空氣，因此也比較容易裝填，但缺點是比較容易受空氣污染，良率也比較低。
下面的沒有開孔，也是較常使用的類型。
無論哪一種，剝除性和貼合性都只憑口述，未使用過，單從外觀無從判斷

絞肉機 Meat chopper

（Mincer、Grinder、Minced）

絞肉機非常重要，所以希望大家務必要有所堅持。

有些直立式攪拌機（桌上型攪拌機），只要更換攪拌臂即可代用作為絞肉機，我個人在餐廳工作時也曾使用過。但不知是當時的商品精密度不佳，或是馬力不足，肉並不是真的被切開，而是被搗碎。當然，如此處理的肉類黏著力低落，完成的肉腸 Saucisse 是令人覺得遺憾的成品。

因此，無論是絞肉機 Meat chopper 還是直立式攪拌機 Stand mixer，凡是想要製作出美味的肉製品時，都應該確實地挪出預算，選購較優質的工具。

話雖如此，絞肉機也是工具，成品的品質會因使用方法不同而產生差異。將大型肉類用力按壓時，渦旋中的肉類受到超過必要性的壓迫、搗碎而使肉汁容易滲出，會成為被過度搗碎般的狀態。為避免這種狀況產生，必須將肉類切成較渦旋筒略小的大小，並且一塊塊地投入進行絞碎。為避色因摩擦生熱使肉類溫度過度上升，應該事先將絞肉機冷卻備用，如此才能絞出最佳狀態的絞肉。

關於絞肉機所附的棒子，並不是為了按壓，而是為了作業過程中，肉類卡住時所使用的工具。所以絕對不要任憑蠻力地按壓肉類。

另外，進行絞肉時，絕不能使用手套。也不用能手或手指來按壓推擠肉類。無論哪一種都是對肉類品質造成重大傷害的原因。

絞肉機 Meat chopper

裝置在絞肉機擠出處的「刀刃」。若能備用孔洞直徑 3～5mm、8～10mm、13～16mm 的 3 種，就非常方便。無論哪一種都附有十字型的刀刃。

混肉機 Meat mixer、直立式攪拌機 Stand mixer

　　用於絞肉與調味料的混拌，或調整揉和狀態。

　　混肉機 Meat mixer 也有各種類型，無論哪一種都有其優缺點。本書中雖然使用臥式的食物攪拌機，但也有直立型 Stand mixer 的。

　　使用混肉機的優點，相較於在缽盆中以手混拌，更不容易搗碎肉品、不易變熱、不易被細菌污染，最重要的是自己也比較不累。用手混拌雖然也可以，但因以手混拌時，無論怎麼做都會將體溫傳至絞肉中、或搗碎肉類。因此，若非得用缽盆攪拌肉類時，可以張開手指，或是必須確實混拌時，建議不用手而改以抹刀（Spatula）或橡皮刮刀等來進行。

　　此外，若使用直立式攪拌機 Stand mixer，儘可能使用平面攪拌槳（三角形）以低速攪拌。要注意一旦使用高速，肉類會因而被搗碎。

　　雖是使用攪拌機混拌，還是會有混拌不均勻的狀況。包含確認絞肉混拌程度，請用手輔助補充進行全體的混拌。當然此時，請務必要暫停攪拌機的運作。

食物攪拌機（臥式）

直立式攪拌機（Stand mixer）

細切機 Silent cutter、食物處理機 Food processor

　　所謂細切機Silent cutter，是在轉動的缽盆中以複數刀刃、固定的速度，進行切肉、混拌、揉和的機器。以高速轉動的細切機將肉細切成糊狀或需要的細碎狀，所以本書中以食物處理機Food processor代用時，會使用「切拌法 Cutter curing」的用語。

　　雖然這是製作維也納肉腸 Wiener Würstchen（P.80）或里昂肉腸Saucisse de Lyon（P.108）這樣乳化的肉腸、或製作Farce fines（切成極細碎的填餡）時所必要的步驟，但因細切機Silent cutter的價格高昂，所以用食物處理機Food processor代用，也完全足以應對。

　　使肉類的脂肪成分和冰水等水分乳化製作時，理論上需要3000轉速／分，所以請在購買時先確認性能。此外，混拌出的材料為高黏度時，會增加馬達的負擔，所以放入缽盆的肉類用量也要略為減少。

細切機Silent cutter

食物處理機
Food processor

專業規格的食物處理機就不會有問題，但家庭用的機種請確認其性能。

充填機 Stuffer

所謂的充填機（Stuffer），是將肉腸用的材料（肉類）等填裝至腸衣的機器，有手動式、油壓式、真空充填機等。

一般價格較為平易近人的是手動式或油壓式。油壓式有力道、也容易調整速度，非常方便，但我自己個人覺得手動充填機Hand Stuffer比較能用自己的感覺來微調，清潔或清洗也比較簡單，在50kg以內的用量下選擇合適的使用。這個部分可能每個人偏好的差異會比較大也說不定。

手動式的齒輪或手把部分，相對於其價格高低，經常會在填裝硬質材料時毀損。因此建議充填機Stuffer還是選購優質者為宜。

無論是油壓式或手動式，一旦習慣了，就能夠快速地充填，但快速填充時肉腸材料會因摩擦生熱，形成擠壓反而是不太樂見的狀況。想要製作出優質的肉腸，還是請以緩慢填充來進行。

再者，本書中雖然沒有使用，但也可以用擠花袋來製作。話雖如此，但數量若很多時，會非常累人。

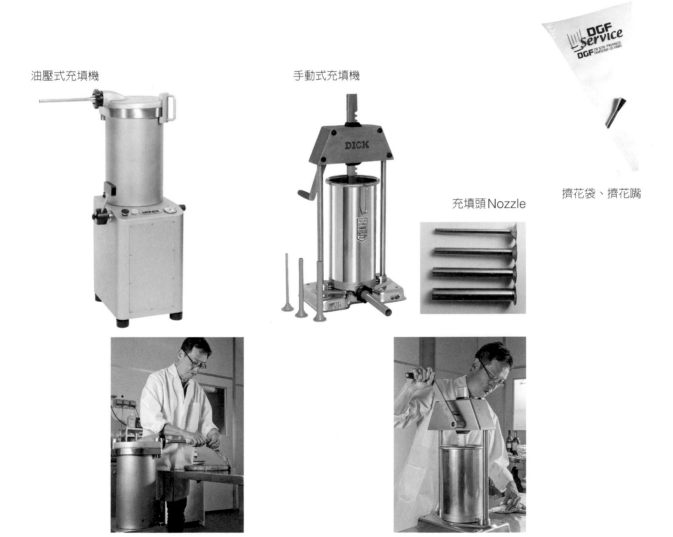

油壓式充填機

手動式充填機

充填頭Nozzle

擠花袋、擠花嘴

肉腸Saucisse完美的填充方法

　　首先，在充填機Stuffer內，請務必使材料確實毫無間隙地填裝。表面也必須是平整狀態。

　　很多人提出，認為困難之處，大都在於腸衣中材料「無法恰到好處地均勻填裝」。很容易變成過度充填、過度鬆弛等狀況。可以想見的原因，應該是腸衣與充填頭的吻合程度。換言之，就是充填時滑順度的優劣。腸衣無法順暢地脫出充填頭時，雖然不到破裂的程度，但材料會過度充填；腸衣過度鬆弛滑出時，材料又會無法確實填裝。

　　要避免這個狀況，首先，要用水充分還原腸衣。乾燥會使腸衣容易卡住。除此之外，我個人也會加壓地使材料能緊實充填。

　　也就是充填的速度，與填滿的速度是否能吻合，用言語形容或許很難理解，但實際上試著操作，就能夠體會其中的感覺了。

平整地確實充填

用水充分還原腸衣備用

充填頭與腸衣的滑順程度就是重點

用手指感覺到材料擠出時的壓力，非常重要

煙燻機Smokehouse、蒸烤箱Steam combination oven

擔任肉類加工食品最後作業的機器。

僅需將製品放入煙燻機Smokehouse，從乾燥、煙燻（加煙）至加熱為止，都能自動化進行，所以非常方便。即使如此，這樣的機器需要有相當的空間，價格也高昂。

僅少量煙燻時，只要一點小工夫就能自製此設備。在密閉的箱內以加熱器加煙，只要箱內充滿煙霧即可。雖然也有販售這樣便宜的簡易套組，但自行製作充滿樂趣，建議可以試試看。不使用煙燻機時，請依以下的步驟進行。

1）使其乾燥（表面乾燥的程度）

2）煙燻（55～70℃）

3）用熱水或蒸烤箱Steam combination oven加熱

　　（在75～85℃的環境下中心溫度63℃，30分鐘以上）

上述「中心溫度63℃，30分鐘以上」是日本食品衛生法的規定，但在歐洲，中心溫度70～85℃是一般經驗為基礎下的設定，本書的標示配合製品需求而訂定（請參照P.42-43）。並且，特別深刻地感受到加熱時使用蒸烤箱，就能正確且無失敗地完成，非常方便。

蒸烤箱
Steam combination oven

煙燻機Smokehouse

煙燻片和煙燻液

煙燻片雖然有各式各樣的種類和尺寸，但會因使用的用途和機器而定，並沒有既定的常識規範，因此請享受在錯誤中嘗試的樂趣（詳細請參照P.42）。

煙燻液，曾一度被指責有致癌性，讓大家敬而遠之，但現在已經事先除去不安全的成分了，所以反而更安全，在歐洲也廣為使用，也是選擇之一。

真空包裝機

　　原本是用於將製品包裝成真空狀態，用以保存、販售等，但在此也是為了使風味或香氣更加滲透，或是用於製作風乾肉腸Salami、凍卷Galantine時，使其能將空氣完全排出的作業。

　　鹽漬、醃泡時若能使用真空，也更能確保其衛生，若有機器使用更方便。

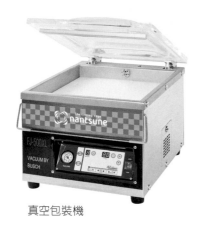

真空包裝機

用於風乾肉腸的脫氣

鹽漬或醃泡也很方便

可以使風味或香氣充分滲透

切片機 Slicer

　　切片機，有此設備會非常方便。

　　具體而言，會用在生火腿Coppa、火腿Jambon或培根Bacon的切片，但也可用在製作凍派Terrine、肉醬Pâté時使用的豬背脂等切片上。

切片機Slicer

模型

　　凍派 Terrine 或肉醬 Pâté 加熱時，從以前就認為鑄件或陶模可以穩定且優異的進行熱傳導。但現今蒸烤箱的普及，不鏽鋼或烤模可以立即反映出設定的溫度，我想反而會更好用。

　　但若是以烤箱加熱時，使用鑄件或陶製凍派模，放進加有熱水的方型淺盤或鍋子進行隔水加熱，會比較適合。

　　在歐洲，也有模仿野生動物（Gibier）外觀作的陶器或磁製的凍派模型、金屬鑄造的野生動物、鴨、豬或心型等各種形狀。

　　近來，將肉醬用麵團包覆後烘烤完成的酥皮肉醬 pâté en croûte 很受歡迎，即使沒有專用的模型，可以發現很多人會使用蛋糕模型，並且撒上奶油和麵粉避免焦化；或是墊放烤盤紙等加以運用，像這樣用自己的方式進行各種嘗試也很好。

肉醬 Pâté 用容器

蛋型模
酥皮肉醬 pâté en croûte 模
派餅夾
排氣刺孔器

凍派 Terrine 模
肉醬 Pâté 模

凍卷 Galantine 模（豬、鴨）

凍卷 Galantine 模
（方型、隧道形、三角形）

火腿 Jambon 模
（洋梨形、巴黎火腿 Jambon de Paris 形）

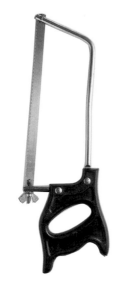

切骨鋸刀

有切骨鋸刀非常方便,但並非經常使用,所以也可以用較大的鋸子替代

磨刀棒

當然不是用這個工具來磨刀,但在作業過程中若感到刀鈍,可以使其恢復。另一個用途是將骨頭從肉中剔除,可用來取代刀子以磨刀棒剔出。此時,斷面呈橢圓形者會更方便使用。

不鏽鋼製手套

在歐洲,將除去內臟四肢頭尾的肉身或肉塊依其部位分切時,規定必須要戴上不鏽鋼製手套。在日本雖然大部分都是用棉製手套,但還是有安全及衛生之虞,所以建議盡可能使用不鏽鋼製的手套。

剝筋刀   剝筋去骨刀   剝筋去骨刀

刀組中有剝筋和去骨刀會很方便。雖然日式刀具也有相同的刀,但建議使用不鏽鋼製的刀具,不但不易生鏽,也可以煮沸消毒或藥品消毒。

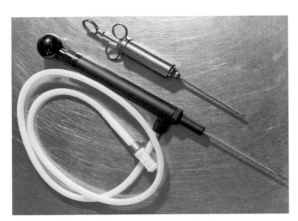

Injector（注射器）

用於在肉塊中注入鹽漬液時。也可用一般注射器代用，但一般的注射器僅前端可注入鹽漬液，部分會凝固，相對於此，專用的注射器在針的前端附近開有複數的孔洞，鹽漬液可以由針側廣泛地進入肉塊中。

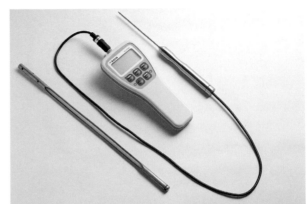

溫度計
（棒狀溫度計、中心溫度計）

對於熟食冷肉的製作是必備的用具。高湯或熱水的溫度向來都是用棒狀溫度計；量測熟食冷肉的中心溫度（芯溫）時，感應器與本體分離，感應器直接刺入肉品中量測會比較方便。無論哪一種，耐久性及溫度的正確性都是最重要的，請選購優質的產品。

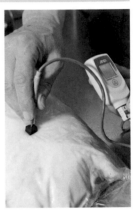

真空包裝內的肉製品也要量測中心溫度

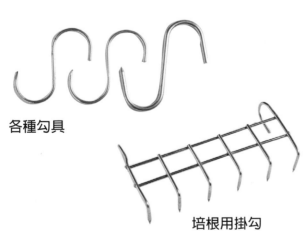

各種勾具

培根用掛勾

勾子是直接接觸食材的工具，因此請使用不鏽鋼的產品。在家用材料店等購買的產品，一端先用研磨機等磨削，使其成為尖銳狀會比較方便使用。

各種線材

為了調整形狀進行綁縛、吊掛等使用線材的情況很多，請依用途選擇其粗細。雖然有熟食冷肉用的聚酯（Polyester）製線材，但我個人覺得棉製價格平易者即可。

肉類的加工技術

　　食品肉類加工的基本，是材料的結著與乳化，還有分散。

　　要如何整合絞肉，就是「結著」和「乳化」，肉塊要如何使其鬆散分離，就是「分散」。這3種要素並不只是理論，實際掌握住肉類的狀況，可說在肉腸Saucisse的製作上又向前邁進了一個階段。

結著

　　首先，從結著的結構說明開始。

　　雖然豬隻在屠宰後不久，會產生死後僵直的僵硬狀態，但之後經過一定的時間熟成，又會變成柔軟、風味、香氣皆宜的食用肉品。

　　肉類，由多種的蛋白質所構成。其中最主要的成分肌凝蛋白（Myosin）和肌動蛋白（Actin），在具鹽分的環境下會從肉類組織中溶出鹽溶性蛋白質，因釋出這個成分而使得肉類帶著強勁的黏性，結著力也會變強。

　　特別是肌凝蛋白具有強大的黏性，可以使肉類相互結合之同時，還能使脂肪溶入肉類的間隙中。而一旦被加熱，與肌凝蛋白結著的蛋白質，會在43℃開始固定，在70℃時形成錯綜複雜地交織，組合成強勁網狀結構而凝固。

　　肌凝蛋白在這樣的變化中，必須注意的有2點。

　　第一點是，肌凝蛋白經過一段時間後會與肌動蛋白結合，成為另一種稱為肌動球蛋白（Actomyosin）的物質，而消失其結著力。話雖如此，此時加入了磷酸鹽，就能夠將肌動球蛋白再次還原成肌凝蛋白和肌動蛋白，肌凝蛋白就可以回復結著力了。

　　另一點是，肌凝蛋白是一種很容易受到溫度影響的蛋白質，在-5℃以下或是20℃以上時，肌凝蛋白會自體變性而失去結著力。當出現這種情況，即使添加磷酸鹽也無濟於事。

　　基於以上的兩點，正是必須徹底管理鮮度及溫度的理由。

　　這些狀況，套用在肉腸Saucisse的製作時，就會有下述的結論。

(1) 屠宰後5天內，管理在溫度-2～+3℃（肌凝蛋白最穩定的溫度帶）的肉類或脂肪，充分冷卻後以絞肉機（Meat chopper）絞碎。

(2) 在絞好的肉類或脂肪中添加鹽以釋出肌凝蛋白，添加水分（也並非必要）使肉類膨脹潤澤，為避免溫度上升至10℃以上（因為肌凝蛋白溫度越高結著力越低）混拌絞肉。

此時肉品相互黏合的現象就稱為「結著」，這種結著程度，會使口感、味道以及風味產生微妙的差異，而成為各別不同的肉腸Saucisse。

(3) 製成的肉類材料充填至腸衣後，迅速地加熱並達到中心溫度70℃進行烹調。

此時，結著的肉類，包覆著脂肪相互黏合凝固，就能保持住其中的內汁完成肉腸的製作。

這就是理想中肉腸的製作方法。像這樣完美結著的成品，就是口感佳、多汁美味的肉腸。

乳化

製作料理時，經常會使用乳化這個詞。

所謂的乳化，是在本來無法混合的水和油當中加入乳化劑，加入物理性的力量使其成為乳狀混濁的安定狀態。

乳化，有兩種模式，一是「水中散佈著油（脂）的狀態」O/W型（Oil in water牛奶、冰淇淋等）；另一種是「油中散佈著水的狀態」W/O型（Water in oil奶油、化妝品中的面霜等）。

一般而言，食品肉類加工食品是O/W型，所以肉腸Saucisse、肝腸Leberwurst也是O/W型。

乳化不是太困難的事，只要能遵守幾個基本原則就很簡單。最重要的是作為條件的水、油、乳化劑，三者共存並保持平衡。並且，O/W型的乳化時，會使用先將乳化劑放入水中混拌，再少量逐次加入的方法來進行。

以肉腸Saucisse為例，乳化步驟的說明如下。

（1）在新鮮肉品中加入食鹽，以切拌法 Cutter curing 釋出肌凝蛋白。

（2）在肉品中（水分70%）加入水分，使其膨脹潤澤。於此同時，也是肌凝蛋白相互凝結成網膜狀之際，藉由加入的水分，可以成為「含有整合鹽溶性蛋白質水分的肉品」，有助於達到乳化劑的作用。

（3）加入脂肪繼續進行切拌法 Cutter curing。脂肪會成為脂肪球被「含有整合鹽溶性蛋白質水分的肉品」所包覆，與周圍（含大量水分）的肉類一起完成乳化作用。

（4）至10℃時停止攪拌。

（5）充填至腸衣中加熱使其固定。

在食品肉類加工乳化時，同樣成為O/W型，但操作方式有2種，本書所收錄的，低溫乳化是用於維也納肉腸 Wiener Würstchen（P.80）或里昂肉腸Saucisse de Lyon（P.108）；高溫乳化的則有白腸Boudin blanc（P.94）、血腸Boudin noir（P.97）、鵝肝與鴨肝慕斯（P.163）和肝腸Leberwurst（P.166）。

雖然遵守各別的溫度時間會比較容易乳化，但只要在這個部分太過隨性，可能就會面臨分離的狀態。美乃滋、醬汁等可以重新製作，但在製作食品肉類加工時，鹽溶性蛋白質會因而產生變性，無法重新製作。請務必遵守設定的溫度和時間。

分散

食品肉類加工的分散，指的是將肉類纖維打散，在本書當中的抹醬Rillettes正是如此。當然，這些是沒有經過結著、乳化，而是在肉類、蔬菜和香料之間埋入脂肪和肉凍。

肝腸Leberwurst等，即使結著、乳化失敗，用細切機（Silent cutter）、食物處理機（Food processor）等切成細碎，看起來就會像是黏合般，可是一旦加熱，就會鬆散地呈現分離狀。將這樣的狀態直接放置冷卻，脂肪成分就會浮出。此時可以加以揉合或混拌，雖然食用時也自有其美味，但風味會有別於乳化過的成品。某個程度上，即使「分散」也可以製作成另一種製品，但肝腸Leberwurst是較為少見的例子，所以也不能想得太過簡單，還是恪守各別的製作方法吧。

鹽漬的功效

所謂的鹽漬，就是一般肉類的鹽漬，本書中是「與鹽一同放入保色劑，可以得到鹽與保色效果的作業」，所以會特別使用這個詞。

肉類一旦鹽漬後，可以得到各種效果。

肉腸Saucisse、凍派Terrine的鹽漬，可以得到保水力和結著力。一旦如此就能得到強力的乳化效果。肉類能得到最高的結著力和保水力，是在3%的鹽分用量下，但這樣的程度會變得過鹹而無法食用。所以，首先只在肉類中添加接近3%的食鹽，以此狀態充分揉和，得到充分的結著力和保水力後，再添加水分和副材料，如此能將製品全體鹽分控制在2%以下，又能得到良好的效果。

於火腿Jambon和培根Bacon時，食鹽所擔負的作用是脫水、保水、保存性以及抗菌性。

火腿、培根這樣的肉塊鹽漬，可大致分為乾鹽法和濕鹽法。乾鹽法大多是以脫水為目的，用於培根和生火腿Coppa等。因為容易有不均勻的狀況，所以可能需要長時間的鹽漬或多個真空包裝的作業。

濕鹽法，是浸漬鹽漬液或將部分鹽漬液用注射器注入肉塊的方法，此時鹽分溶於水中，緩慢地滲入肉塊內。滲入的標準認為大約是一天1cm，但也會受環境溫度等各種條件影響。

鹽漬時間越長也越佔空間，因此為了減低鹽漬時間，很多時候都會將部分鹽漬液注入（injection）肉塊中。經過注入的火腿不但良率佳，也能確實美味地完成。

在日本，偏好長時間鹽漬的「熟成火腿」，但在歐洲偏好的是短時間完成的製品。另外，在口感上，日本喜歡帶著潤澤感的火腿，而歐洲則偏好乾燥口感的製品。

還有，生火腿Coppa、生培根 Pancetta（都是無加熱製品）等，沒有確實使鹽分或鹽漬液滲透至肉塊時，之後的乾燥、熟成作業，肉塊可能會腐壞、變質，所以遵守規定的用量非常重要。

此外，關於與鹽一同得到的保色效果，請參照P.17。

進行乾燥

乾燥會因目的而有以下的區分。

a）風乾肉腸Salami、生火腿Coppa 等，是以20℃以下的溫度使其乾燥的低溫乾燥

b）煙燻的前置階段，是以40～60℃使其乾燥的中溫乾燥

c）牛肉乾Beef jerky、培根Bacon 等，加熱兼高溫乾燥

a）風乾肉腸、生火腿等，是以20℃以下的溫度使其乾燥的低溫乾燥

風乾肉腸、生火腿在鹽漬後，洗去多餘的鹽分後乾燥。食品衛生法當中規定，此時必須要在20℃以下環境中乾燥，因此將溫度控制在20℃以下，並注意濕度地脫去其水分。

迅速地使表面乾燥時，反而從腸衣至內部的水分無法排出。所以在高濕度中穩定地受風，緩慢地脫去其中水分，才是成功的關鍵。

b）煙燻的前置階段，是以40～60℃使其乾燥的中溫乾燥

煙燻前置階段的中溫乾燥，使肉品表面乾燥，是為了讓煙燻容易附著，並且有藉加熱而促進呈色的目的。

但這是很容易繁衍細菌的溫度帶，所以為了能抑制肉品中細菌的孳生，充分足夠地加入食鹽或添加物，同時使其滲透非常重要。

並不是只要肉品表面乾燥即可，恰如其分地乾燥很重要，緩慢地逐漸提高溫度，以適當的溫度進行乾燥就是重點。

c）牛肉乾、培根等，加熱兼高溫乾燥

　　高溫乾燥同時進行加熱作業，但不是直接以高溫加熱，採用的是用中溫乾燥再進而轉為高溫乾燥的方法。肉乾、培根大多需要煙燻，如此就形成乾燥、煙燻、高溫乾燥（加熱）的作業。

　　為了完成時能保持良好的口感，也有聽過將新鮮肉腸Saucisse置於室溫下乾燥的方法。但僅用新鮮肉腸中的鹽分和添加的香料，終究無法期待其抑制細菌的效果。若是以此法乾燥時，盡可能迅速地充分加熱食用完畢吧。

　　新鮮肉腸即使略為乾燥，口感也不會有太大的改變。不如說在烘烤時多下點功夫，會更有成效。

煙燻的效果和方法

　　煙燻香精（Smoke flavoring），是附著在加工肉品表面的燻煙成分酚類化合物（Phenol）或羰基化合物（Carbonyl compound），與肉類蛋白質反應後產生香氣的物質。再者這些化合物會形成樹脂膜，能抑制沾附在表面的細菌，防止氧化等，可提高保存性。

　　乾燥肉類時，會從表面開始失去水分，此時在肉類的表面形成乾燥膜，這樣的表層膜同時也會形成眼睛無法看到的小孔洞（比水分子小），所以雖然這樣的表層膜是多孔質，但卻能夠保持水分。

　　另一方面，煙燻成分中的化合物在肉類表面形成樹脂膜，煙燻的香氣就可以從表面的孔洞滲透進去。

　　為能煙燻出優質成品，表面適度乾燥形成多孔質，使由孔洞滲入的香氣能滲透至全體，在內部保有適度水分也是重點。

　　煙燻的方法，有用煙燻液直接浸泡製品、用煙燻液噴撒熟食冷肉、以及燃燒煙燻劑（片狀、柴薪、其他），使其生煙地煙燻製品的方法。使用片狀或柴薪時，有用發動機（Generator）燃燒、直火或以摩擦、電熱使其燃燒等方法。

　　在此必須要注意的是，在燃燒時也會產生水分。也就是燃燒時產生的水分會影響煙的生成，所以作業過程中必須要有排出水分（濕氣）的動作。煙燻時，即使長時間進行，但煙的生成狀態也不一定最好，反而是煙燻至某個程度後排出水分，再次進行作業比較能製作出良好的成品。想要有更強的香氣時，溫度略低地長時間燻製會更有效果。

煙燻片的種類，櫻木、山胡桃木（Hickory）、櫸木、橡木等較為普遍，但像是威士忌的酒樽等也很有意思，請大家務必一試。煙燻片依其種類，煙的顏色也會不同。但煙燻的呈色與溫度和乾燥程度也有很大的關係，選擇自己喜歡的煙燻片香氣即可。

順道一提，煙強色濃的櫻木非常受歡迎，另一方面，歐洲則偏好生煙和緩、萬無一失的櫸木和橡木。

另外，即使同樣的煙燻片，依煙燻設備等也會改變其燃燒的溫度和煙的成分，高溫則黑、低溫則淡、煙燻色彩或香氣也會隨之改變。雖然煙無法掌握，也可能會連續嘗到錯誤失敗的苦果，但也因此樂趣倍增。

加熱的目的

加熱的目的，除了使蛋白質凝固進而完成製品，同時也為抑制因加熱而增殖的細菌，更或是為了殺菌，所以溫度與時間，在食品衛生法中有明確規範。

溫度和時間的管理在HACCP是必要的。

此外，依肉的種類（牛、豬、羊、鴨、野味），或處理的方式（塊狀、分切、是否有注入）不同，溫度和時間也隨之而異。

加熱，可分為在水分（水、高湯等）當中進行，和在加熱的空氣中或水蒸氣中進行。肉腸或火腿，無論哪一種皆可適用，可以設定在60～80℃之間的熱水或高湯中加熱，也可以在煙燻機（Smokehouse）或蒸烤箱（Steam combination oven）中利用水蒸氣加熱。或是不加入水蒸氣，直接以烤箱烘烤完成。

凍派Terrine，從以前開始就是在烤箱中以隔水加熱來製作，但現今因為蒸烤箱（Steam combination oven）的普及，表面以烤箱高溫加熱後，放入蒸氣以低溫加熱，成為現今的主流製法。

無論如何，在完成加熱時，請確認中心溫度。食品衛生法規定，中心溫度必須在63℃、30分鐘以上。

蛋白質在58℃時開始凝固，80℃完全凝固。

中心溫度在70℃左右時，肉腸Saucisse的口感最好，但使用肝臟或內臟者，為減低其風險，大多會加熱至75℃左右。也有些人認為溫度升高到85℃時風味比較好。

熟成的必要條件

熟成，會因加熱製品或非加熱製品，而有不同的狀態。

經加熱的熟食冷肉之熟成，就像是咖哩熟成一樣。經過一段時間後，風味的稜角變得圓融，也能感受到香料或鹽味中所隱藏的風味，成為均衡的美味。

為了達到這樣的熟成，必須確實地管理烹調作業。萬一加熱不足或有作業管理上的疏漏，則會在熟成過程中造成細菌的繁衍，即使不致腐壞，也可能會因增殖的細菌或細菌所散發的毒素造成食物中毒。所以請務必要充分地加熱殺菌，或充分地進行冷卻作業，並且注意保存溫度的管理（請參照P.223～）。

另一方面，風乾肉腸Salami或生火腿Coppa的熟成，與生肉的熟成類似。

與製作熟成肉品相同，必須要邊控制溫度和濕度，邊控制乳酸菌。酸鹼值（pH）持續降低會使乳酸菌或蛋白質分解酵素更加活性化，蛋白質分解成氨基酸後就能增添其美味。

請必須理解，當酸鹼值（pH）下降就會變成酸性，乾燥後水分活性變低，保存性和風味也會隨之提升。

HACCP 的優點

HACCP，是為了事前防止食物中毒或食品事故，而由NASA制定。已經確定會在2020年導入餐廳，成為必須遵守的規定。

所謂的HACCP，是Hazard Analysis and Critical Control Points的簡稱，被翻譯成危害分析重要管制點。危害分析（HA）是在原料或製作加工作業過程中，檢測出哪個環節有危害點，藉以管理可能引發事故或問題點的手段，重要管制點（CCP）是為減低、排除製作加工作業過程中，可能引發的事故或問題（危害），所進行的監控和管理。

換言之，就是將掌握進貨時肉類的溫度、狀態，以及保存時、加工時等溫度和狀態，都設定成管理條件，超出這個設定條件時，該如何應對等，都在事前徹底加以規範。

可以作為邊對照食譜或烹調作業，邊核對的資料，或是自己下點工夫記錄下失敗或改良時，可以作為參考數據，因此留下詳細的記錄，也都對自己有所助益。

必須注意的是，HACCP並不是烹調教科書，再怎麼說都是為了預防事故所作的規定，所以必須依照食品衛生法的管理基準來進行設定。

關於食譜

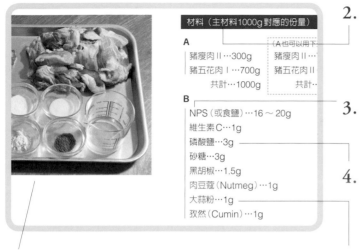

材料（主材料1000g對應的份量）

A
豬瘦肉 II …300g
豬五花肉 I …700g
共計…1000g

（A也可以用下）
豬瘦肉 II …
豬五花肉 II …
共計…

B
NPS（或食鹽）…16 ～ 20g
維生素C…1g
磷酸鹽…3g
砂糖…3g
黑胡椒…1.5g
肉豆蔻（Nutmeg）…1g
大蒜粉…1g
孜然（Cumin）…1g

2. 所謂「主要材料」，大部分是肉類材料的合計。有基本材料肉品和紋路用的肉品時，指的是基本材料。另外，有時也會連同肉類材料中所含之冰、水、雞蛋等共計 1000g，來計算調味料。請確認每一項標記數量並進行量測。

3. 「NPS」當中的亞硝酸鈉是1%。因此，即使用等量的「食鹽」代用，也會有1%的誤差，因此直接以其重量來標示。

4. 磷酸鹽有可以置換成澱粉，與不可置換成澱粉的分別。可置換時會標示「或」；不可時則沒有標示。

1. 照片中的材料，與右側標示的文字並非等量。文字以「主要材料」1000g 時的標示（部分除外）。因此，左側的照片請將其視為材料間的概略比例。

5. 香料或酒是酸性的，所以會影響肉類的結著。加入的時間點有其原因，因此即使是如同 B 標示在一起，也請務必依照製品的說明來加入使用。

關於溫度管理

1. 肉類的管理，指的是製作所有製品的作業前、作業間、完成並降溫後，請注意必須徹底地冷藏保存。

2. 各種製品的製作過程中，都請務必嚴守溫度規定。食譜中特別標記溫度的部分，就是注意重點，也請參考書末的一覽表。

Point
中心
溫度 **70**℃

關於肉腸 Saucisse 的扭轉方式

本書的肉腸，如下圖般「扭轉」。

1. 將材料充填之後，在腸衣的一端打結。

2. 取適當的間隔，用雙手抓取單側往同一方向轉動數次。

3. 與2相同間隔，接著用雙手抓取一段的長度，與2同樣地往同一方向轉動數次，接下來重覆相同的動作。

4. 最後在肉腸的另一端打結。用針刺入含有空氣處以排出氣體。

熟食冷肉的
正統技術

實踐篇
· · · · · · · · · · · · · · ·

第1章

新鮮肉腸

首先，藉由新鮮肉腸（Saucisse）來學習所有食品肉類加工的基本「結著」。

從法國、義大利、西班牙、德國的基本食譜中，挑選出7種。無論哪一種都看似簡單，但經由肉類的鮮度和狀態、溫度、絞肉粗細程度、混拌方法、揉和方法、添加調味料的時間等要素，將其複雜地組合起來，我想瞭解得越深，就會越覺得困難。首先從在絞肉上混拌鹽、胡椒的肉腸內餡 Chair à saucisse 開始，到輕微揉和結著的科西嘉肉腸 Salciccia，再接著製作以幾乎相同的配方比例，但有著不同結著程度的土魯斯肉腸 Saucisse de Toulouse。全部一起嘗試製作也可以，或是一個項目完成後再試著挑戰下個項目也行。習慣之後，會領悟出自己的方式，或是改變配方比例也OK。但請大家要有意識地，確實確認每次的材料狀態。

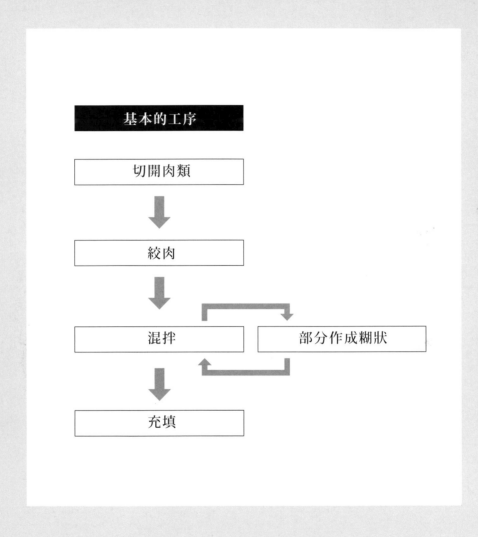

Chair à saucisse（法）
肉腸內餡

在法語中「是肉腸Saucisse充填物」的意思，作為所有絞肉加工品的起點，由此開始介紹。

Chair à saucisse，走進到法國的肉店就可以看到以大盤盛裝著，用於像chou farci（高麗菜卷）或tomato farci（番茄填餡）等配菜的重要材料。充填至腸衣就稱為Saucisse chipolata；以網油包覆的又稱為 Saucisse plat。為了能感覺到其中殘留著肉丁的鬆散口感，請不要過度揉和或混拌 。

材料（主材料1000g對應的份量）

A

	（A也可以用下列的配方比例）
豬瘦肉II…600g	豬瘦肉II…300g
豬五花肉II…400g	豬五花肉II…700g
共計…1000g	共計…1000g

B

食鹽…14～18g

四香粉（Quatre épices）…1.5g

胡椒（黑白可依個人喜好）…2g

腸衣

18/20～32/34尺寸的任意腸衣，或網油

肉腸內餡作法

1. 將肉類切成3cm的塊狀冷卻備用。避免部位集中，在絞肉前先略略混合。

2. 在絞肉機裝上4～6mm的刀刃，絞肉。

3. 將絞好的肉放入混肉機（或鉢盆）中，加入**B**。

4. 避免揉和地加以混合拌均勻。使用鉢盆時手指張開，略為抓拌即可。

5. 混拌至結著為止（大略整合但仍會鬆散崩塌的程度即可）。

※ 在此，可依個人喜好，加入切碎的洋蔥、香草進行搭配變化。

填充肉餡

6. 將5.的材料填裝至充填機內，依個人喜好，充填至18/20～32/34尺寸的腸衣中。

7. 將腸衣的單邊打結，依個人喜好的長度扭轉整合形狀。

8. 將腸衣的另一端打結，用針刺入含有空氣之處以排出氣體。

以網油包覆

※用網油包覆的，稱之為「saucisse plat」。

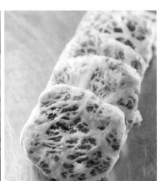

Salcicca（義）
科西嘉肉腸

是義大利的肉腸 Saucisse。大部分是將肉絞成較大的粒狀，簡單地以鹽和數種香草或香料調味。依地方或店家的不同，使用的香草或香料也各有差異，因此可以有各式各樣的搭配變化。會直接烘烤肉腸，但也會熬煮或攪散，作為配料運用在披薩上。

科西嘉肉腸 Salciccia 與肉腸內餡 Chair à saucisse 相同，輕輕整合至能結著的程度即可，要避免過度揉和。加熱後會鬆散地在口中擴散的口感也別有樂趣。

科西嘉肉腸 *Salcicca*

材料（主材料1000g對應的份量）

A

豬瘦肉Ⅰ…750g	（A也可以用下列的配方比例）
豬硬脂肪…250g	豬瘦肉Ⅱ…500g
共計…1000g	豬五花肉Ⅱ…500g
	共計…1000g

B

| 食鹽…14 ～ 18g
| 胡椒…3g

腸衣
22/24 ～ 32/34尺寸的任意腸衣

肉腸內餡作法

1. 將肉類切成3cm的塊狀冷卻備用。避免部位集中，在絞肉前先略略混合。

2. 在絞肉機裝上8 ～ 10mm的刀刃，絞肉。

3. 將絞好的肉放入混肉機（或缽盆）中，加入**B**。

4. 避免揉和地加以混合拌均勻。使用缽盆時手指張開，略為抓拌即可。

5. 混拌至結著為止（大略整合但仍會鬆散崩塌的程度即可）。

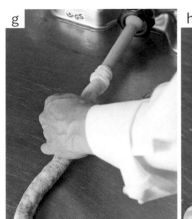

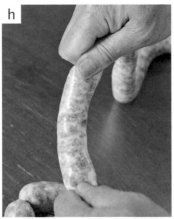

填充肉餡

6. 將5.的材料填裝至充填機內，依個人喜好，充填至22/24～32/34尺寸的腸衣中。

7. 將腸衣的單邊打結，依個人喜好的長度扭轉整合形狀。

8. 將腸衣的另一端打結，用針刺入含有空氣之處以排出氣體。

Saucisse de Toulouse（法）
土魯斯肉腸

名稱中帶著法國西南部地名土魯斯（Toulouse）的肉腸，肉類絞成粗大的粒狀，口感十足，是法國眾所皆知的食品。有將肉腸適當長度地扭轉，一根根並排地完成；也有像皇冠般圈狀捲起地排放。

在家裡或烤肉時經常以烘烤進行烹調，但在土魯斯鄉土料理中，則是卡酥來砂鍋（Cassoulet）不可或缺的燉煮材料之一。用於燉煮時，這個配方中再添加 2 ～ 5% 的澱粉製作，可以讓風味更加滲入其中，更美味地完成燉煮。

雖然食譜本身與之前的肉腸 Saucisse 並無不同，但結著性較科西嘉肉腸 Salciccia 更甚，無論是煎烤或燉煮都不會崩散，但卻會在口中融化般擴散才是重點。

材料（主材料1000g對應的份量）

A

		（A也可以用下列的配方比例）
豬瘦肉Ⅰ…750g		豬瘦肉Ⅱ…200g
豬硬脂肪Ⅰ…250g		豬五花肉Ⅰ…800g
共計…1000g		共計…1000g

B

食鹽…14～18g

胡椒…1.8g

肉豆蔻（或多香果）…1g

澱粉（因應必要時）…20～50g

※ 在此不使用

腸衣

22/24～32/34尺寸的任意腸衣

abcdefghijk

肉腸內餡作法

1. 將肉類切成3cm的塊狀冷卻備用。避免部位集中，在絞肉前先略略混合。

2. 在絞肉機裝上8～10mm的刀刃，絞肉。

3. 將絞好的肉放入混肉機（或缽盆）中，加入**B**。

土魯斯肉腸 *Saucisse de Toulouse*

4. 避免揉和地加以混合拌勻。使用缽盆時手指張開,略為抓拌即可。
5. 混拌至結著為止。

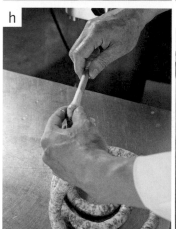

填充肉餡

6. 將5.的材料填裝至充填機內,依個人喜好,充填至22/24～32/34尺寸的腸衣中。
7. 將腸衣的單邊打結,依個人喜好的長度扭轉整合形狀。
8. 將腸衣的另一端打結,用針刺入含有空氣之處以排出氣體。

卡酥來砂鍋(Cassoulet)被法國人認定為溫暖慰藉的食物(Soul food)。在土魯斯(Toulouse)也依地方不同,有添加油封鴨或豬皮等,具豐富的搭配變化。

Thuringer bratwurst（德）
圖林根肉腸

在德國廣受喜愛，常見街角攤販銷售。

名稱取自德國中部圖林根州（Thüringen）。此地有高山和森林，還添加了當地特產馬郁蘭（Marjoram），即是其名稱由來。

德國的肉腸Saucisse，最重視結著，所以充填成爽脆的口感。

此外，大多會加水，有異於法國或義大利肉腸的肉餡口感。利用絞肉機進行二次絞肉作業，使其成為揉和狀態，因此在這個階段就應該是幾乎呈現結著狀態了。將其輕輕混拌就立刻可以整合成團。加熱後具紮實的口感，是一款可以享受到多汁美味的肉腸。

材料（主材料1000g對應的份量）

A

| 豬五花肉Ⅰ…700g
| 豬五花肉Ⅱ…200g
| 碎冰…100g
| 共計…1000g

B

| 食鹽…14～18g
| 德式肉腸香料 Bratwurst…10g
| 或 | 胡椒…2g
| | 肉豆蔻皮（Mace）…1g
| | 薑粉…1g
| | 小荳蔻（Cardamom）…0.3g
| 葛縷子（Caraway）…1.5g
| 馬郁蘭（Marjoram）…1g

腸衣
22/24～26/28尺寸的羊腸或豬腸

肉腸內餡作法

1. 混合 **B**，加入切成3cm塊狀冷卻備用的肉類中，全體充分混拌。

2. 再加入碎冰，充分混拌。

3. 在絞肉機裝上8mm的刀刃，將*2.*進行二次絞碎。

4. 將絞好的肉放入混肉機（或缽盆）中，輕輕整合般地混拌。

填充肉餡

5. 將*4.*的材料填裝至充填機內，充填至22/24～26/28尺寸的腸衣中。

6. 將腸衣的單邊打結，依個人喜好的長度扭轉整合形狀。

7. 將腸衣的另一端打結，用針刺入含有空氣之處以排出氣體。

Nürnberger bratwurst（德）
紐倫堡肉腸

德國紐倫堡（Nürnberg）的著名肉腸，在當地是用碳火烤至香脆後供餐。這款肉腸最重要的是紮實的結著，建議使用鮮度與溫度更加嚴密管理的肉品。充填的腸衣很細，所以肉也必須細細地絞碎。在此是將部分材料成為糊狀後混合，比一般肉腸的口感更紮實，但其實不混合糊狀材料，僅使用絞肉製作也無妨。雖然與前項製作的圖林根肉腸 Thüringer bratwurst 很相似，但卻因腸衣的尺寸以及內餡材料的粗細不同，可以深刻地感受到不同風味的樂趣。

材料（主材料1000g對應的份量）

A

豬五花肉Ⅰ…700g

豬五花肉Ⅱ…200g

冷水…100g

　　　共計…1000g

B

食鹽…14 ～ 18g

德式肉腸Bratwurst香料…10g

或　胡椒…2g

　　肉豆蔻皮（Mace）…1g

　　薑粉…1g

　　小荳蔻（Cardamom）…0.3g

馬郁蘭（Marjoram）…1g

腸衣

18/20 ～ 22/24尺寸的羊腸

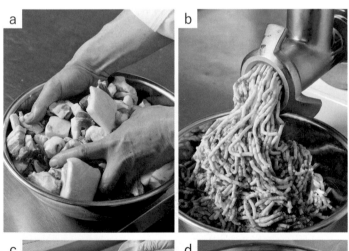

肉腸內餡作法

1. 肉類切成3cm的塊狀冷卻備用，全體充分混拌。

2. 在絞肉機裝上5 ～ 6mm的刀刃，絞肉。

3. 將絞好的肉放入混肉機（或缽盆）中，輕輕轉動使絞肉鬆散後再加入冷水，充分揉和。

4. 確認肉類吸收冷水後，添加食鹽充分揉和。

5. 之後添加香料，再混拌至確實結著。

6. 為確認已確實結著，抓取肉團朝下。
若無鬆散脫落時即已完成。

7. 用食物處理機將肉餡的10～20%細細攪
打成糊狀。

8. 將7.放回原來材料中，充分混合使其成為
均勻之狀態，即完成肉餡。

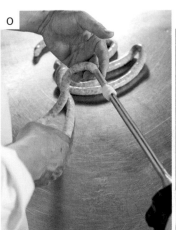

o

p

填充肉餡

9. 將 *8.* 的材料填裝至充填機內，充填至 18/20 ～ 22/24 尺寸的羊腸中。

10. 將腸衣的單邊打結，依個人喜好的長度扭轉整合形狀。

11. 將腸衣的另一端打結，用針刺入含有空氣之處以排出氣體。

Butifarra fresca（西）
西班牙鮮肉腸

西班牙加泰隆尼亞（Cataluña）地方的煎烤肉腸Saucisse。

這款肉腸的香料略多，也添加了水和雪莉酒。香料和雪莉酒都是酸性物質，會影響到肉類結著。所以肉類的鮮度及溫度管理，確實執行到什麼程度，會改變完成的狀態。因此，將製作科西嘉肉腸Salciccia、土魯斯肉腸Saucisse de Toulouse、圖林根肉腸Thüringer bratwurst時，改變結著程度強弱的經驗加以發揮活用，請以「確實揉和製作出具充分結著性的肉餡」為目標。

添加的香料或酒，會因店舖或家庭而有各種搭配組合，請先製作幾次在此介紹的配方，熟練基本款後，再挑戰創造出個人化的產品。

材料（主材料1000g對應的份量）

A

（A也可以用下列的配方比例）

豬瘦肉Ⅰ…200g	豬瘦肉Ⅱ…500g
豬五花肉Ⅰ…800g	豬五花肉Ⅱ…500g
共計…1000g	共計…1000g

B

食鹽…15～20g

黑胡椒…8g

肉桂…2g

白胡椒…2g

肉豆蔻（Nutmeg）…1g

多香果（Allspicy）…2g

冰水…50g

雪莉酒（Sherry wine）…50g

腸衣

　22/24～32/34尺寸的任意腸衣

肉腸內餡作法

1. 將肉類切成3cm的塊狀冷卻備用。避免部位集中，在絞肉前先略略混合。

2. 在絞肉機裝上8～10mm的刀刃，絞肉。

3. 將絞好的肉放入混肉機（或缽盆）中，加入冰水充分混拌。

4. 確認肉類吸收冷水後，添加B充分混合。

5. 待 **B** 充分融合，確認肉類的結著狀況後，加入雪莉酒。

6. 再次確實結著混拌。
   為確認已確實結著，抓取肉團朝下。
   若無鬆散脫落時即已完成。

填充肉餡

7. 將6.的材料填裝至充填機內，充填至 22/24 ～ 32/34尺寸的腸衣中。

8. 將腸衣的單邊打結，依個人喜好的長度扭轉整合形狀。

9. 將腸衣的另一端打結，用針刺入含有空氣之處以排出氣體。

Merguez (法)
阿拉伯肉腸

阿拉伯地區的肉腸Saucisse，但現在已經在法國紮根，受到很多饕客的喜愛。

原本因宗教的理由，不使用豬肉僅以牛肉或羊肉來製作，但若無宗教因素，基於風味及成本考量，我個人覺得添加豬肉也是不錯的。

一旦使用羊肉雖然容易結著，但就這款成品而言，相較於結著，其中的乾硬口感更受到重視喜愛，所以也不需要這麼執著於結著程度吧。

阿拉伯各國的香料配方各式各樣，變化多彩多姿，正因這些辛香料，使這款肉腸成為夏季特別想吃的一種。

阿拉伯肉腸 *Merguez*

材料（主材料1000g對應的份量）

A

		（A也可以用下列的配方比例）
牛瘦肉II…500g		牛瘦肉II…700g
羊五花肉II…500g		羊五花肉II…300g
共計…1000g		共計…1000g

B

食鹽…14～18g

阿拉伯肉腸Merguez香料…30g

或｜黑胡椒…3g
　｜紅椒粉…20g
　｜大蒜粉…2g
　｜小荳蔻（Cardamom）…2～4g
　｜孜然（Cumin）…5g
　｜馬郁蘭（Marjoram）…5g

橄欖油…10g

腸衣
16/18～18/20尺寸的羊腸

肉腸內餡作法

1. 將肉類切成3cm的塊狀冷卻備用。避免部位集中，在絞肉前先略略混合。

2. 在絞肉機裝上5mm的刀刃，絞肉。

3. 將絞好的肉放入混肉機（或缽盆）中輕輕攪散，加入**B**混拌。

4. 確認結著後，加入橄欖油，混拌至完全融合。

5. 為確認已確實結著，抓取肉團朝下。
若無鬆散脫落時即已完成。

填充肉餡

6. 將5.的材料填裝至充填機內，充填至
16/18 ～ 18/20 尺寸的羊腸中。

7. 將腸衣的單邊打結，依個人喜好長度（通常
是12 ～ 15cm），扭轉整合形狀。

8. 將腸衣的另一端打結，用針刺入含有空氣
之處以排出氣體。

是BBQ時很受歡迎，常被使用的肉腸，
會蘸哈里薩辣醬（Harissa）來食用。照
片上是搭配了北非小麥粒（Couscous）
的「塔布勒Taboulé沙拉」。

第2章

肉腸

本章，要學習的是使用磷酸鹽的「結著」，以及在低溫和高溫的兩個溫度帶中，由結著產生的「乳化」。使用磷酸鹽是為了使製品完成時，能呈現出肉腸Saucisse該有的咬勁和口感。

此外，作業上各別的溫度和時間點，也非常重要。

溫度和時間點，都各有其理由，所以請務必以溫度計邊確認邊進行作業。作業本身即使不困難，但無視於溫度和時間點來進行，可能轉瞬間材料的狀態就變差或產生分離等情況。所以請務必使用溫度計。

還有，在此使用的是以食鹽稀釋亞硝酸鹽的鹽漬用鹽「NPS」，作為保色劑的效果，沒有浸漬一晚或以食物處理機、細切機進行切拌法 cutter curing * 就無法得到此效果。請連同製品的製作方法充分理解後再進行作業。

＊所謂切拌法 cutter curing，事先並未鹽漬肉品，在完成絞肉作業後，用細切機細切混合的同時，添加鹽漬劑揉和完成的方法。鹽漬劑的滲透不用花太長時間，可以在短時間得到與鹽漬相同的效果以及喜好的風味。

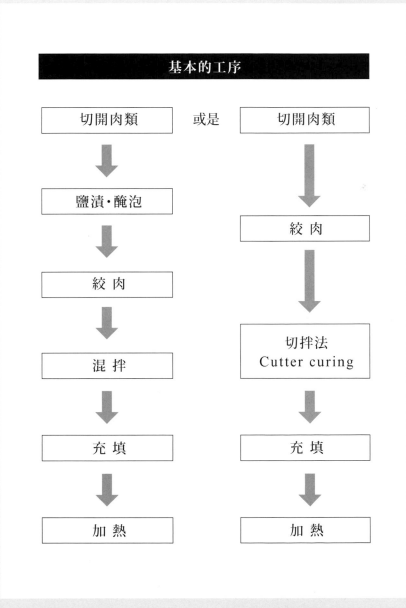

基本的工序

| 切開肉類 | 或是 | 切開肉類 |

| 鹽漬·醃泡 |

| 絞 肉 | | 絞 肉 |

| 混 拌 | | 切拌法
Cutter curing |

| 充 填 | | 充 填 |

| 加 熱 | | 加 熱 |

※白腸Boudin blanc、血腸Boudin noir、腸肚包Andouillette de compagne、
套腸Andouillette à la ficelle除外

Cervelas Lyonnais（法）
里昂肉腸

巴黎里昂地方的肉腸，又被稱為Saucisson Lyonnais。

除了僅用肉類製作的原味之外，還有加入開心果、松露等各種口味的變化。燙煮後與馬鈴薯等製成沙拉、或是搭配小扁豆食用。另外，還有包入皮力歐許當中，一起烘烤成肉腸皮力歐許，也為人所熟知。

這款肉腸因為添加了亞硝酸鹽，為使其呈色會鹽漬一晚。也能添加酒精成分，利用醃泡製成香氣十足的成品。

※照片是將NPS分為食鹽和保色劑製劑

材料（主材料1000g對應的份量）

A

		（A也可以用下列的配方比例）
豬瘦肉 II···750g		豬瘦肉 I···350g
豬五花肉 II···250g		豬五花肉 I···350g
共計···1000g		豬五花肉 II···300g
		共計···1000g

B

NPS（或食鹽）···14～18g

維生素C···1g

磷酸鹽···3g

四香粉（Quatre épices）···2g

白胡椒···1g

砂糖···3g

馬德拉酒（Madeira）（或波特酒 Port）···50g

開心果···30g

腸衣

豬腸、牛腸

a　b　c　d

肉腸內餡作法

1. 切成3cm塊狀冷卻備用的肉類中，加入混合過的**B**（除磷酸鹽之外），充分混拌。加入馬德拉酒混拌，置於冷藏室靜置一晚，鹽漬、醃泡。

2. 翌日，用8～10mm的刀刃絞肉，加入磷酸鹽，充分混拌全體使其結著後，加入開心果。

3. 充分混拌，使其結著。確認結著狀況。

填充肉餡。完成

4. 以充填機將材料充填至還原的豬腸內。將豬腸的單邊打結，依個人喜好的長度扭轉整合形狀，再將另一端也打結，用針刺入含有空氣之處以排出氣體。

5. 牛腸切成適當的長度，單邊閉合開口。

6. 將肉餡填裝至充填機內，充填至牛腸中。

7. 另一端的開口也用綿繩綁縛。

8. 於18℃的環境中靜置一晚，使其乾燥並呈色。冷藏室也可以。

9. 放入75℃的熱水中，水煮30～40分鐘，待確認中心溫度達70℃後，即可取出。立即用流動的水或冰水冷卻。

Point

中心
溫度 **70**℃

燙煮後連同馬鈴薯沙拉盛盤

Saucisse de Montbeliard （法）
蒙貝利亞肉腸

是法國東部法蘭琪－康堤大區（Franche-Comté）的肉腸，或許是因為隣近德國、瑞士國境，可以嚐到受這些國家影響的風味。實際上，瑞士也有幾乎相同的肉腸。

其特徵是具有強烈的煙燻風味，是法國料理中的法式蔬菜燉肉（Potée）（像是日本人想像中的蔬菜燉肉鍋pot-au-feu般的料理），或亞爾薩斯酸菜鍋（Choucroute）所不可或缺的肉腸。佐以小扁豆、馬鈴薯等，無論是熱食或冷食都十分美味。

材料（主材料1000g對應的份量）

A

（A也可以用下列的配方比例）

豬瘦肉II…300g		豬瘦肉II…750g		
豬五花肉 I …700g		豬五花肉II…250g		
共計…1000g		共計…1000g		

B

NPS（或食鹽）…16～20g

維生素C…1g

磷酸鹽…3g

砂糖…3g

黑胡椒…1.5g

肉豆蔻（Nutmeg）…1g

大蒜粉…1g

孜然（Cumin）…1g

白酒…50g

腸衣

28/30～38/40尺寸的豬腸

肉腸內餡作法

1. 在切成3cm塊狀，冷卻備用的肉類中加入混合過的**B**（除磷酸鹽之外），充分混拌。置於冷藏室靜置一晚，鹽漬。

2. 翌日，用8～10mm的刀刃絞肉。將絞好的肉放入混肉機（或鉢盆）中，加入磷酸鹽，充分揉和，待其開始出現結著時加入白酒。

3. 充分揉和，使其結著後完成。

e

f

g

h

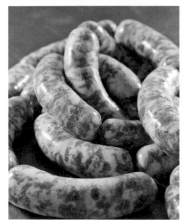

填充肉餡。完成

4. 將3.的材料填裝至充填機內，充填至 28/30 ～ 38/40尺寸的豬腸中。

5. 將腸衣的單邊打結。

6. 依個人喜好的長度扭轉整合形狀。將腸衣的另一端打結，用針刺入含有空氣之處，以排出氣體。

7. 放入煙燻機，燻製成個人喜好的顏色和香氣。

（沒有煙燻機時，請參照P.33。）

確認中心溫度達70℃後，取出，立即用流動的水或冰水冷卻。

Point

中心溫度 **70**℃

※ 鹽味或香料的風味，以往是傾向清淡的味道，近年來好像偏向喜好燻製顏色、風味都相對濃重的成品。感覺這樣的傾向年年加深。

完成濃重調味煙燻的肉腸，經常用於亞爾薩斯酸菜鍋（Choucroute）或馬鈴薯的料理上。在瑞士，經常搭配拉可雷特（Raclette）起司一起享用。

Wiener würstchen（德）
維也納肉腸

在此介紹乳化肉餡製作的肉腸。在日本JAS的規章中，僅將羊腸尺寸的肉腸稱為Wiener並定義其尺寸，但在此指的是用乳化肉餡製作而成，在奧地利、法國、德國共通「Wiener風格的肉腸」。學習在低溫環境中乳化肉餡的技術。

並且，乳化肉餡使用細切機（或食物處理機），用切拌法 Cutter curing 使其呈色，所以不需事前鹽漬。

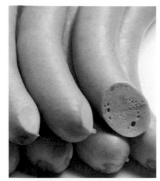

材料（主材料1000g對應的份量）

A

豬瘦肉Ⅰ…500g

豬硬脂肪…300g

碎冰…200g

　　共計…1000g

B

NPS（或食鹽）…14～18g

維生素C…1g

磷酸鹽…3g（或澱粉…40g）

維也納肉腸Wiener香料…4～6g

或是　白胡椒…2g

　　　肉豆蔻…0.5g

　　　芫荽…0.3g

　　　紅椒粉…0.5g

　　　薑粉…0.2g

腸衣

　任意尺寸的羊腸或豬腸

a　b

c　d

肉腸內餡作法

（使用細切機時）

1. 用3～5mm的刀刃各別絞碎肉類和脂肪，
　　冷卻。

2. 以冰水浸泡細切機冷卻備用。

3. 倒掉冰水，僅將肉類放入拭乾水分的細切
　　機內，轉動2次，待肉切至鬆散後，加入**B**
　　（除香料之外），再轉動2～3次。

4. 加入1/2用量的碎冰。

e   f   g   h   i   j   k   l

5. 提高轉速，以高速進行切拌法 Cutter curing。

6. 切拌法最高溫度至4℃。

Point

4℃

7. 加入全部用量的脂肪切拌，最高溫度至10℃。

Point

10℃

8. 加入其餘的碎冰，持續切拌法。

9. 停止切拌，撒入香料。

10. 以高速切拌法，最高溫度至8℃。

11. 完成肉餡製作。

Point

8℃

m

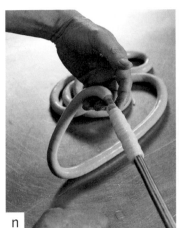

n

o

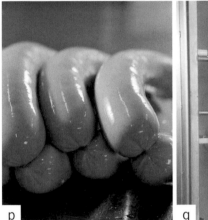

p

q

填充肉餡。完成

12. 將 *11.* 的材料填裝至充填機內，充填至 20/22 ～ 22/24 尺寸的羊腸或豬腸中。

13. 將腸衣的單邊打結，依個人喜好的長度扭轉整合形狀。

14. 將腸衣的另一端打結，用針刺入含有空氣之處以排出氣體。

15. 放入煙燻機，燻製成個人喜好的顏色和香氣。

（沒有煙燻機時，請參照P.33。）

確認中心溫度達70℃後，取出，立即用流動的水或冰水冷卻。

Point

中心溫度 **70**℃

使用食物處理機時

食物處理機每次能夠處理的份量較少，溫度容易升高，因此溫度管理上也與細切機不同。

1. 肉類和脂肪用3mm的刀刃絞碎，冷藏一晚。

2. 在食物處理機中僅放入 *1.* 的肉類，輕輕轉動，放入 B（除香料之外）混拌。之後加入1/2用量的碎冰後，轉動使其融合。

3. 加入脂肪，以高速切拌法，最高溫度至10℃。

4. 暫時停止轉動食物處理機，加入其餘的碎冰和香料，也刮落沾黏在邊緣的肉餡。

5. 再以高速切拌法，最高溫度至10℃（完成肉餡製作）。之後的做法與上述相同。

Bockwurst（德）
粗絞 Wiener I 博克肉腸

在日本非常受歡迎的「粗絞肉腸」，其實是日本自創的。

若是硬要對照歐洲的肉腸，那麼我想最接近的應該就是德國的博克肉腸 Bockwurst 了。

這款成品，是以極細的乳化肉餡為基底，混入了粗粒絞肉所製成。

這裡的粗粒絞肉，和前項維也納肉腸 Wiener würstchen 材料（＝乳化肉餡）相同的鹽和香料醃漬一晚，再混合維也納肉腸 Wiener würstchen 的肉餡。若想要做出更鬆軟的成品時，Wiener 材料可以略多，若想要口感更紮實則可以略減，請大家多方嘗試看看。

材料（※ 在此是乳化材料1000g，混入的材料則另行以主材料1000g來標示）

<混入用粗絞肉餡>

A

豬瘦肉II…500g

豬五花肉II…500g

共計…1000g

B

NPS（或食鹽）…14～18g

維生素C…1g

磷酸鹽…3g

維也納肉腸Wiener香料…4～6g

或是｜白胡椒…2g

肉豆蔻（Nutmeg）…0.5g

芫荽…0.3g

紅椒粉…0.5g

薑粉…0.2g

腸衣

20/22～30/32尺寸的羊腸或豬腸

<乳化材料>

Wiener乳化肉餡（請參照P.82）…1000g

a　b

c　d

粗絞肉餡作法

1. 切成3cm塊狀冷卻備用的肉類，用5～8mm的刀刃絞碎（或用8mm的刀刃絞碎2次也可以）。

2. 將絞好的肉放入混肉機中，輕輕攪散，加入全部的**B**充分混拌（不要揉和）。

3. 取出放入缽盆中靜置一晚使其呈色。

混合 2 種肉餡

4. 翌日，將3.的粗絞肉餡（e）放入混肉機（或缽盆）中，先加入少量Wiener乳化肉餡（f），充分混拌至融合。

5. 少量逐次地重覆作業，至全部的Wiener乳化肉餡放完，全體融合為止。

填充肉餡。完成

6. 將5.的材料填裝至充填機內，充填至20/22～30/32的羊腸或豬腸中。

7. 將腸衣的單邊打結，依喜好的長度扭轉整合形狀。將腸衣的另一端打結，用針刺入含有空氣之處以排出氣體。

8. 放入煙燻機，燻製成個人喜好的顏色和香氣。
（沒有煙燻機時，請參照P.33。）
確認中心溫度達70℃後，取出，立即用流動的水或冰水冷卻。

Point
中心溫度 **70**℃

Krakauer（德）
粗絞 **Wiener Ⅱ** 克拉庫爾肉腸

是東歐較常見的肉腸。

與前項的博克肉腸 Bockwurst 相同，是在極細的肉餡中添加粗粒絞肉混合製成的肉腸，但這款的基底材料不是乳化肉餡，而是以豬或牛的瘦肉為基底。克拉庫爾肉腸 Krakauer 的原創食譜使用的是牛肉，但在此改以豬肉製作。因為這款基底肉餡不添加脂肪成分，所以口感紮實。基底絞肉與混入的粗粒絞肉的比例，請依個人喜好來調整。

粗絞 Wiener II 克拉庫爾肉腸 *Krakauer*

材料（※ 在此是乳化肉餡1000g，混入的材料
則另行以主材料1000g來標示）

＜瘦肉材料（基底）＞

A

豬瘦肉II…800g
碎冰…200g
　　　共計…1000g

B

NPS（或食鹽）…14～18g
維生素C…1g
磷酸鹽…3g
克拉庫爾肉腸 Krakauer 香料…5～7g
或是 | 白胡椒…2g
　　　肉豆蔻皮（Mace）…0.5g
　　　芫荽…0.5g
　　　薑粉…0.3g
　　　小荳蔻（Cardamom）…0.2g
　　　紅椒粉…0.2g

＜混入用粗絞肉餡＞

C

豬五花肉II）…1000g

D

NPS（或食鹽）…14～18g
維生素C…1g
磷酸鹽…3g
Krakauer 香料…5～7g
或 | 白胡椒…2g
　　肉豆蔻皮（Mace）…0.5g
　　芫荽…0.5g
　　薑粉…0.3g
　　小荳蔻（Cardamom）…0.2g
　　紅椒粉…0.2g

腸衣
18/20～28/30的羊腸或豬腸

a b c d

粗絞肉餡作法

1. 切成3cm塊狀冷卻備用的豬五花肉，用5～8mm的刀刃絞碎（或用8mm的刀刃絞碎2次也可以）。

2. 將絞好的肉放入混肉機中，輕輕攪散，加入全部的**D**充分混拌（不要揉和）。

3. 取出放入缽盆中，靜置一晚使其呈色。

製作瘦肉餡（基底）

4. 切成3cm塊狀冷卻備用的豬瘦肉，用3～5mm的刀刃絞碎。

5. 將絞好的肉放入細切機或食物處理機中，輕輕攪動。加入**B**香料之外的所有材料，以高速轉動20秒。

e

f

g

h

i

j

k

l

6. 加入1/2用量的碎冰。
7. 攪動至溫度上升至8℃，上下翻動材料，加入其餘的碎冰，再攪動至溫度達8℃為止。

Point
8℃

8. 加入克拉庫爾肉腸香料，再次攪動，要注意避免溫度超過8℃。
9. 完成瘦肉餡（基底）。

Point
8℃

混合2種肉餡

10. 在混肉機（或缽盆）中放入3.混拌用粗絞材料，再放入少量瘦肉餡（基底），充分混拌使其融合。
11. 少量逐次地放入瘦肉餡（基底），使其融合，待全體材料成為均勻狀態(j)。
   ※2種材料的比例，瘦肉餡和粗絞肉餡從3比7至5比5都可以。

填充肉餡。完成

12. 將11.的材料填裝至充填機內，充填至18/20～28/30的腸衣中。
13. 將腸衣的單邊打結，依喜好的長度地扭轉整合形狀。將腸衣的另一端打結，用針刺入含有空氣之處以排出氣體。
14. 放入煙燻機，燻製。（沒有煙燻機時，請參照P.33。）
   確認中心溫度達70℃後，取出，立即用流動的水或冰水冷卻。

Point
中心溫度 ## 70℃

Weißwurst（德）
巴伐利亞白腸

德國慕尼黑的人氣肉腸，充滿平葉巴西利與檸檬的香氣，更為人稱道的是鬆軟綿柔的口感，因此大受歡迎。在德國是以小羊肉來製作，本書當中是以豬肉來代用。

製作方法也是特徵。首先將瘦肉與脂肪各別切拌，接著混合二者再次切拌，採用二階段式乳化法。通常只要單階段的切拌法，就會有爽脆的口感，為展現慕尼黑 München 巴伐利亞白腸 Weißwurst 獨特的鬆軟綿柔，這個切拌法，又被稱作「二階段切拌法」。並且，是以白色狀態完成，所以不使用保色劑。

材料（主材料1000g對應的份量）

A

豬瘦肉Ｉ…500g

豬硬脂肪…250g

碎冰…250g

　　共計…1000g

B

食鹽…14～18g

磷酸鹽…2g

巴伐利亞白腸 Weißwurs 香料…4～6g

或 ｜ 白胡椒…2g

　　肉豆蔻皮（Mace）…1g

　　薑…1g

　　小荳蔻（Cardamom）…0.3g

檸檬皮…5g

　（或檸檬粉…12g）

平葉巴西利…10g

依個人喜好，豬皮

（在80～90℃之下水煮完成）…500g

腸衣

20/22～26/28尺寸的羊腸或豬腸

a　b　c　d

肉腸內餡作法

1. 將肉類、脂肪各切成3cm的塊狀，並以 3mm的刀刃，絞肉。
水煮過的豬皮也用3mm絞碎。

2. 先將瘦肉放入食物處理機中，輕輕進行切 拌法 Cutter curing。

3. 加入鹽和磷酸鹽。

4. 切拌法約10秒左右。

5. 加入1/2用量的碎冰，繼續切拌法。

6. 切拌法至溫度達2℃。

7. 加入其餘的碎冰，繼續切拌法。

Point

2℃

8. 待溫度達2℃時，停止動作。

9. 取出至缽盆中，將形成糊狀的瘦肉（h）置於冷藏室備用。

Point

2℃

10. 將脂肪放入取出瘦肉的食物處理機中，進行切拌法。

11. 切拌法至溫度達15℃。

Point

15℃

12. 過程中，數次以刮杓將沾黏在內側的脂肪刮落，使其均勻混拌。

13. 混拌至溫度達15℃，加入9.置於冷藏的糊狀瘦肉（h）和香料。

Point

15℃

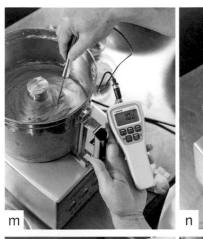

m   n

14. 再次進行切拌法至溫度達10℃。

15. 加入豬皮混拌至均勻散入其中。

> **Point**
> # 10℃

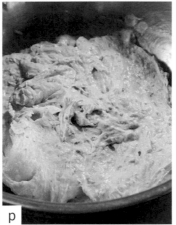

o   p

16. 加入平葉巴西利和檸檬皮。

17. 攪拌至平葉巴西利變細碎為止。

q   r

填充肉餡。完成

18. 製作完成的肉餡填裝至充填機內，充填至 20/22～26/28的腸衣中。

19. 將腸衣的單邊打結，依喜好的長度扭轉整合形狀。將腸衣的另一端打結，用針刺入含有空氣之處以排出氣體。

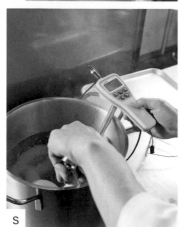

s

20. 放入80～85℃的熱水中，加熱至中心溫度達70℃為止。

> **Point**
> 中心 **70**℃
> 溫度

21. 取出，用流動的水或冰水冷卻。

Boudin blanc（法）
白腸

乍看之下與慕尼黑人氣商品巴伐利亞白腸 Weißwurst 很類似，但這款完全不同，其中添加了料理要素的調味，是法國獨特的肉腸。話雖如此，可以使用單款的白肉（豬、雞、小牛、魚等）或複數的組合，再添加松露或利口酒以增加香氣地進行製作，在喜慶或耶誕節盛宴時享用。切拌法 Cutter curing 與 Wiener 材料相同，只需一個步驟，但在此改變的是溫度，改以高溫乳化。請留意蛋白質的變性溫度進行製作。

並且，這款也是偏白的成品，所以不使用保色劑。

材料（主材料1000g對應的份量）

A

豬瘦肉Ⅰ（或是雞胸肉、小牛、兔肉等白肉）
　…450g

豬硬脂肪…100g

牛奶…350g

※ 調味蔬菜：芹菜、紅蘿蔔、洋蔥、百里香、
　　月桂葉、平葉巴西利…各適量

全蛋…100g
　　　　共計…1000g

食鹽…14 ～ 18g

B

低筋麵粉…10g

澱粉…6g

白胡椒…2g

四香粉（Quatre épices）…2g

肉豆蔻（Nutmeg）…1g

個人喜好的酒類（波特酒、干邑白蘭地、
　　柑橘利口酒Curaçao等）…10g

腸衣
　26/28 ～ 32/34 的豬腸

肉腸內餡作法

1. 肉類和脂肪用3mm的刀刃絞碎，冷卻
　　備用。

2. 在牛奶中加入調味蔬菜，小火熬煮30 ～
　　40分鐘。

3. 過濾後量測水分用量。

4. 蒸發的水分用水補足至350g。

5. 在食物處理機中放入*1.*的肉類，輕輕進行
　　切拌法 Cutter curing，並加入食鹽。待產
　　生黏性後，加入脂肪，再繼續切拌法。

6. 加入雞蛋和**B**，確認其融合後停止動作，
　　刮落機器壁面及邊緣的肉餡。

白腸 *Boudin blanc*

7. 放入 *4.* 加溫至60℃的牛奶，以高速切拌法 Cutter curing 至材料如乳化般滑順為止。希望完成時的溫度是45℃。

8. 加進個人喜好的酒類。

Point

材料 **45**℃

填充肉餡。完成

9. 將肉餡填裝至充填機內，充填至26/28～32/34尺寸的豬腸中。或是也可以填入模型，烘烤＊。

10. 將腸衣的單邊打結，依個人喜好的長度扭轉整合形狀。腸衣的另一端也打結，用針刺入含有空氣之處以排出氣體。

11. 放入80～85℃的熱水中，加熱至中心溫度達70℃為止。取出，立即用流動的水或冰水冷卻。

※ 沒有充填至腸衣而填入模型時，也可以用烤箱來烘烤。此時，也請確認其中心溫度是否達到70℃。

Point

中心
溫度 **70**℃

看似十分相似的2種肉腸Saucisse，但由此可以看出德國和法國的不同之處。

左邊的巴伐利亞白腸Weißwurst（德），使用的是肉類蛋白質較多的材料具有黏性，因此帶著鬆軟綿密的口感。

另一方面，右邊的白腸Boudin blanc（法），水分較多，並且添加了雞蛋和澱粉質使其凝固，因此雖然有鬆軟的感覺，但同時又有幾分的粒狀口感。這些肉腸都很容易吸收醬汁，所以也很適合用於料理當中。

Boudin noir（法）
血 腸

也有利用血液製作的肉腸，血腸 Boudin noir 就是其中之一。

在法國，無論哪個地方都可以看到，在豬血中添加脂肪、洋蔥之外，還可以加入其他搭配肉類、內臟、細切的豬頭肉、還有蘋果或栗子、平葉巴西利等香草，有各式各樣的搭配變化。以血液作為主要材料，因此鐵質的成分豐富，自古以來被認為是對於略有貧血者，或孕婦們有益的食物。另外，這款血腸也不使用保色劑。

血腸 *Boudin noir*

材料（主材料1000g對應的份量）

A

洋蔥…500g（※香煎後300g）
豬硬脂肪…300g
豬血…300g
鮮奶油…100g
　　　共計…1000g（※洋蔥香煎後的重量）

B

食鹽…16～18g
白胡椒…2g
四香粉（Quatre épices）…2g
肉豆蔻皮（Mace）…1g

腸衣
　32/34～34/36的豬腸

內餡作法

1. 豬硬脂肪放入85～90℃的熱水中，約水煮10分鐘。

2. 瀝乾水分，用5mm的刀刃絞碎，取其中的300g。

3. 切碎的洋蔥以豬油（用量外）香煎成300g。

4. 在3.的鍋中放入2.的豬脂，再加入豬血邊混拌邊加熱。

5. 加入 **B**，邊加熱邊注意避免溫度升高至50℃以上。

※溫度至50℃不再升高時，雖然乳化並不是安定的狀態，但超過這個溫度時材料會凝固而不容易充填。

Point

材料 上限 **50**℃

6. 最後加入鮮奶油，略混拌後熄火。

填充內餡。完成

7. 將漏斗狀的工具套在32/34 ～ 34/36的豬腸上。

8. 將*6.*的內餡倒入。此時，豬腸仍是長長地浸泡在裝著水的鉢盆中，逐次少量地倒入內餡即可。用手按壓豬腸中的內餡使其不斷向前移動，避免過硬或過軟地充填。

9. 將腸衣的單邊打結，依個人喜好的長度扭轉整合形狀。將腸衣的另一端打結，用針刺入含有空氣之處以排出氣體，使其成串。

10. 放入煮沸至80 ～ 85℃的熱水中。約加熱20 ～ 30分鐘。

11. 過程中，以針刺入看看，若沒有血流出時，確認中心溫度達70℃後，即已完成。取出，立即用流動的水或冰水冷卻。

Point

中心溫度 **70**℃

Andouillette de campagne（法）
腸肚包

所謂的 Andouillette，是充填至腸衣中完成的內臟料理。在此是將豬小腸和豬肚先處理後切成粗粒，與豬五花混合。將其充填至牛腸中加熱，冷卻後再填裝至豬的大腸頭內。因添加了豬小腸和豬肚，所以味道豐美，口味很受喜愛。大量製作時也非常方便。

下方的照片，是佐以馬鈴薯泥並澆淋上黃芥末奶油醬汁後盛盤。

這款肉腸也不使用保色劑。

材料（主材料1000g對應的份量）

A

豬肚（***1.*** 預先處理過的）
豬小腸（***1.*** 預先處理過的）
（比例可依個人喜好）　⎤⋯共計800g

豬五花肉 II（如果可以使用豬喉肉最佳）⋯200g

　　　　　　　　　　　　　共計⋯1000g

B

紅蘿蔔⋯1根
洋蔥⋯大型1/4個
芹菜莖⋯1根
大蒜⋯1瓣
月桂葉⋯2片
百里香⋯少許
胡椒（顆粒）⋯少許
水⋯5L

C

食鹽⋯35 ～ 40 g
白胡椒⋯3g
肉豆蔻⋯1.5g

高湯⋯適量
豬大腸頭⋯適量

腸衣　牛腸

D

紅蔥頭⋯50g
洋蔥⋯50g
白酒醋 50g
第戎黃芥末⋯30g

肉腸內餡作法

1. 豬肚（a、c）和小腸（b、d），各別在鍋中煮沸熱水汆燙。取出沖過冷水後，一個個仔細地用水洗去表面的黏稠和浮渣。由其中量出所需的用量，準備並量測全部材料以及調味料。

2. 在鍋中放入**B**的水分和材料，煮出充滿香氣的蔬菜高湯，將 *1.* 的豬肚放入蔬菜高湯中煮1小時。

3. 用5mm的刀刃將豬五花絞碎，*1.* 小腸和 *2.* 的豬肚以13～15mm的刀刃絞碎，混合全部的材料。

4. 將切碎的紅蔥頭、洋蔥、白酒醋、第戎黃芥末、混合過的**C**加入 *3.* 的絞肉中，充分混拌醃泡一晚。

填充肉餡。完成

5. 翌日，肉餡用充填機填裝至牛腸中，在適當的長度綁縛線材。

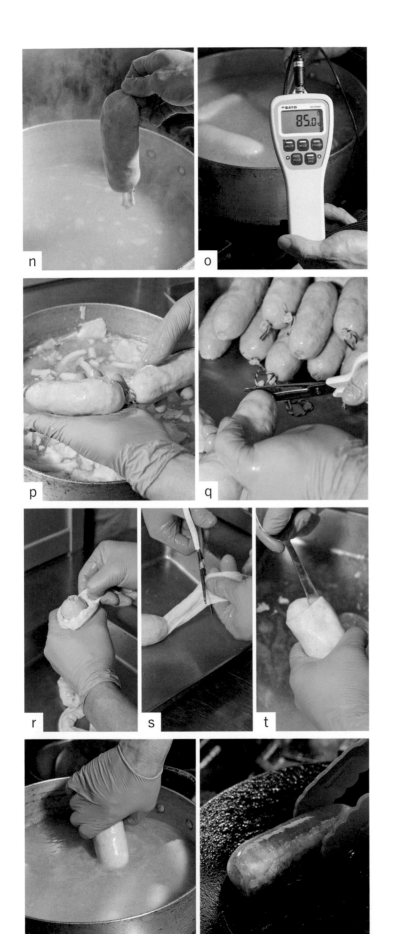

6. 將高湯溫熱至85℃，將 *5.* 放入煮約3小時。以浸泡在高湯中的狀態放涼。

Point

高湯 **85**℃

7. 放涼後的腸肚包，先用熱水洗去周圍的油脂，再一根根地分切。
※有時到此即完成製作。

8. 預備豬大腸頭，將 *7.* 一根根填裝入大腸頭內。豬大腸頭要先用大量醋水清洗腸內及外側，洗去多餘的脂肪和黏稠備用。

9. 每根腸肚包套入大腸頭後，在兩端都各留約4～5cm，這個預留的部分以湯匙的匙柄或刮杓將預留處向中間按壓塞入。

10. 再次放入溫熱至85℃的高湯中，燙煮1小時後，直接放涼。

Point

高湯 **85**℃

11. 供餐時，由高湯中取出，以熱水清洗瀝乾水分後，用平底鍋煎香。

Andouillette à la ficelle (法)
套腸

是廚師們最喜歡，充滿荷爾蒙的肉腸。預先處理過的豬小腸用白酒和黃芥末醃泡，再填入豬大腸頭。預先仔細清洗過，會呈現優雅的風味，但要重現在法國品嚐過的味道，或許洗得適可而止比較好。

材料（主材料1000g對應的份量）

A

豬小腸…780g

豬五花肉Ⅱ（因豬喉肉的脂肪融點高，
　較適合，若無，則豬五花也可以）…220g
　　　　共計…1000g

B

食鹽…35 ～ 40 g

胡椒…4g

四香粉（Quatre épices）…4g

第戎黃芥末…30g

白酒醋…50g

洋蔥（若有則用紅蔥頭）…180g

巴西利（若有則用平葉巴西利）…30g

豬大腸頭…30cm×4條

高湯…適量

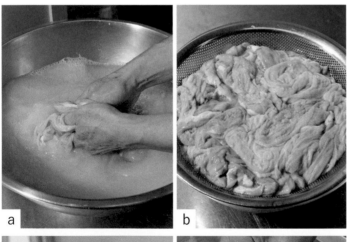

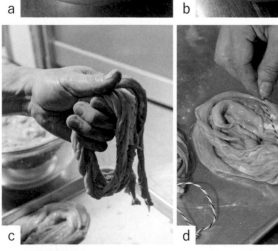

肉腸內餡作法

1. 小腸用大量醋水（用量外，任意）仔細地洗
　去表面的黏稠、黏膜和脂肪。之後以清水
　沖洗乾淨。

2. 洗淨後的小腸，大約以長15cm、重200g
　左右用手捲起，並以線材綁縛其中一處。
　※ 小腸也可以縱向對切，但若是想要更有
　　嚼感，不切直接使用比較好。

3. 豬五花肉用10mm的刀刃絞碎。

4. 在缽盆中放入3.的絞肉,加入食鹽充分混拌。

5. 之後,放入胡椒、香料類、黃芥末、白酒醋,混拌。

  ※ 在這一連串的作業中,為避免肉類的溫度升高,請不要用手改以刮杓混拌。

6. 接著放入切碎的洋蔥和平葉巴西利,充分混拌。

7. 在方型淺盤中舖放小腸,將6.均勻地撒在表面,覆蓋保鮮膜醃泡一晚。

填充肉餡。完成

8. 豬的大腸頭與小腸同樣以醋水清洗內外,洗去黏稠和多餘的脂肪,以清水沖洗乾淨。

  各別分切約30cm的長度,翻面,預備束起的小腸(在此是4條)用量(此階段滑順的表面成為內側)。

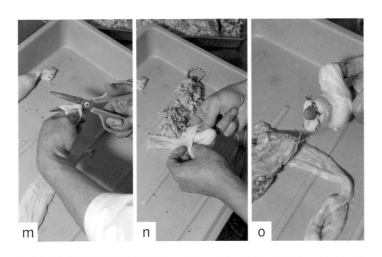

9. 從大腸頭的一邊伸入手指，以手指拉出綁束小腸的線材，將整束小腸拉入大腸頭的同時，也將大腸頭翻回表面（在此，滑順的表面翻成外側）。

※請參照插圖

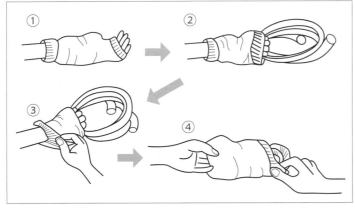

10. 將綁束的小腸拉至大腸頭中央，取下綁束小腸的線材，大腸頭兩端的部分以湯匙的匙柄或刮杓向中間按壓塞入，或是用線材綁縛。

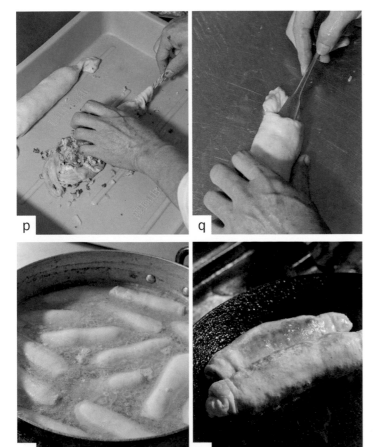

11. 放入溫熱至90℃的高湯中，加熱4小時後，直接放涼。

Point

高湯 **90**℃

12. 供餐時，由高湯中取出，以熱水清洗拭去水分後，煎或烤至表皮香脆。

Saucisse de Lyon（*Saucisse de Jambon*）（法）
里昂肉腸

Saucisse de Lyon 是直徑粗圓，切成薄片後食用的肉腸總稱，在德國、法國廣受喜愛。在義大利，聞名的摩德代拉肉腸 Mortadella 也一樣。以混入基底材料中的食材為名，就成了「○○肉腸 Saucisse de ○○」，因此這一款 Saucisse de Jambon（加入火腿的肉腸。德國風格則稱為「Bierschinken」）。乍看之下，材料與 Wiener 的乳化肉餡很近似，但脂肪成分較多，所以製作時，必須特別注意溫度。

並且，乳化溫度較低，因此材料與機器請充分冰冷後再開始進行。

里昂肉腸 Saucisse de Lyon 的肉餡

材料（主材料1000g對應的份量）

A

豬瘦肉Ⅰ…400g
豬硬脂肪…400g
碎冰…200g
　　　　共計…1000g

B

NPS（或食鹽）…16～18g
維生素C…1g
磷酸鹽…3g（或澱粉…20～50g）
冷肉香料 Aufschnitt…4～6g
　（或豬肉腸 Fleischwurst 香料）…2g

腸衣
　牛腸、人工腸衣

※ 步驟照片請參照維也納肉腸 Wiener würstchen
　的1～11（P.81～82）。溫度等詳細如下述。

※ 照片是將NPS分為食鹽和保色劑製劑

製作里昂肉腸 Saucisse de Lyon 的肉餡

1. 肉類和脂肪各別用3mm的刀刃絞碎，充分冷卻。

2. 以冰水浸泡細切機充分冷卻備用。

3. 倒掉冰水，拭淨水分後，僅放入 *1.* 的肉類，轉動2次。
　加入**B**（除香料之外），再轉動2～3次。

4. 加入1/2用量的碎冰。

5. 提高轉速，進行高速切拌法 Cutter curing。

6. 切拌法至溫度達2℃。

Point **2℃**

7. 加入 *1.* 全部用量的脂肪，進行切拌法至溫度達8℃。

Point

8. 加入其餘的碎冰和香料，持續進行切拌法。

8℃

9. 停止切拌，刮落沾黏在蓋上的香料。

Point

10. 切拌法至溫度達10℃。如此「里昂肉腸 Saucisse de Lyon 的肉餡」即已完成。

10℃

※ 之後，可依個人喜好添加紅椒、橄欖、起司、肉類等，製作出各種搭配變化。

僅製作里昂肉腸 Saucisse de Lyon 時

11. 將 *10.* 的肉餡填裝至充填機內，充填至牛腸或人工腸衣後，放入75～78℃的熱水中加熱，水煮至中心溫度達70℃。或以設定成85℃的蒸烤箱加熱至中心溫度達70℃為止。

12. 加熱後立即用流動的水或冰水冷卻。

Point
中心溫度 **70℃**

以里昂肉腸 Saucisse de Lyon 肉餡為基礎的搭配變化

火腿肉腸

Saucisson de Jambon

材料

＜肉餡＞
里昂肉腸的內餡…400g

＜混拌材料＞
A
　豬瘦肉Ⅰ…550g
　水…50g
　　　共計…600g
B（主材料**A**1000g對應的份量）
　NPS（或食鹽）…16～18g
　維生素C…1g
　磷酸鹽…3g
　冷肉香料Aufschnitt…4～6g

開心果…20g

1. 在鉢盆中放入肉類和水分，充分混拌。
2. 將水揉和至肉類中，水分被肉類吸收後，加入調味料**B**，再繼續揉和。
3. 放入真空袋內，靜置數小時～一晚，使其呈色的同時也使味道滲入。

4. 將肉類放入鉢盆中，加進開心果，用手充分揉和，使表面成為黏稠狀。
5. 此時，取一小撮里昂肉腸內餡加入，確實混拌。

g h

6. 再取少量里昂肉腸的內餡材料加入，混拌並重覆此作業，至全部混合並確實混拌均勻。

※ 肉餡和混拌材料不容易融合，請充分揉和至沒有間隙為止。

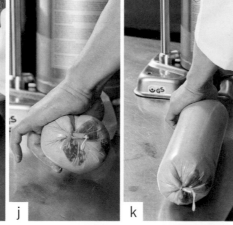

i j k

7. 填裝至充填機內，充填至牛腸或人工腸衣中，收口。

l m

8. 放入設定成85℃的蒸烤箱，約加熱2小時。確認中心溫度超過70℃後取出，浸泡冷水使其冷卻。

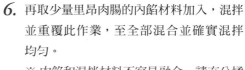

Point

中心溫度 **70**℃

其他的搭配組合

• 起司肉腸
Saucisse de fromage
里昂肉腸材料中混入100g/kg的起司

• 蕈菇肉腸
Saucisse de champignon
里昂肉腸材料中混入100g/kg的罐頭蕈菇

• 橄欖肉腸
Saucisse d'olive
里昂肉腸材料中混入50g/kg的橄欖

• 獵人肉腸
Saucisse de chasseur
600g的里昂肉腸材料中，混入400g以8～10mm刀刃絞碎的熟風乾肉腸Koch salami 材料。依個人喜好，也可以混入8g綠胡椒(乾燥)。

Koch salami（德）
熟風乾肉腸

雖然冠以風乾肉腸 Salami 之名，但所謂的 Koch，是加熱的意思，在此是指加熱完成的肉腸之一（風乾肉腸 Salami 基本上是不加熱的）。這款肉腸在填入腸衣後，藉由煙燻製作出深刻的風味。製作方法比里昂肉腸 Saucisse de Lyon 單純，因為簡單所以推薦大家試試。

※ 作業照片請參照粗絞 Wiener II（P.88 ～ 89）

材料（主材料1000g對應的份量）

＜瘦肉材料（基底）＞

A

牛瘦肉 I …400g

豬瘦肉 I …300g

碎冰…300g

共計…1000g

B

NPS（或食鹽）…17 ～ 19g

維生素C…1g

磷酸鹽…3g（或澱粉20 ～ 50g）

砂糖…3g

熟風乾肉腸Koch salami香料…4 ～ 6g

（或克拉庫爾肉腸Krakauer香料5 ～ 7g）

＜混入用粗絞肉餡＞

C

豬五花肉 II …1000g

D

NPS（或食鹽）…17 ～ 19g

維生素C…1g

磷酸鹽…3g（或澱粉…20 ～ 50g）

砂糖…3g

熟風乾肉腸Koch salami香料…4 ～ 6g

（或克拉庫爾肉腸Krakauer香料5 ～ 7g）

腸衣

牛腸或人工腸衣

a

粗絞肉餡作法

1. 混合全部的 **D**，加入切成3cm塊狀的豬五花肉中，充分混合放置一晚鹽漬·醃泡。

2. 翌日，用6 ～ 8mm的刀刃絞碎。

製作瘦肉材料（基底）

3. 切成3cm塊狀 **A** 的牛瘦肉和豬瘦肉用3mm的刀刃絞碎。

4. 將 *3.* 絞好的肉放入細切機或食物料理機中，輕輕進行切拌法 Cutter curing。

5. 加入 **B** 香料之外的所有材料，以高速轉動20秒，加入1/2用量的碎冰。

6. 攪動至溫度上升至接近8℃。上下翻動材料，加入其餘的碎冰，再切拌至溫度接近8℃之前為止。

Point

8℃

7. 加入 **B** 的香料。

8. 再次攪動，要注意避免溫度超過8℃。

9. 完成瘦肉材料（基底）。

混合兩種材料充填。
完成

10. 在混肉機中放入 *2.* 混入用粗絞肉餡，也放入 *9.* 的瘦肉材料（基底），進行混拌。

※ 比例希望是粗絞肉餡和瘦肉材料在7比3至5比5之間。

11. 將 *10.* 的材料填裝至充填機內，充填入牛腸或人工腸衣中，綁縛兩端。

12. 使其乾燥後，放入煙燻機，燻製。或用蒸烤箱加熱，或是水煮也可以。無論哪種方法，都必須確認中心溫度達70℃。

Point

中心
溫度 **70**℃

13. 加熱後，立即用流動的水或冰水冷卻。

第3章

風乾肉腸

本章製作風乾肉腸Salami。

經常有人誤解，認為新鮮肉腸Saucisse乾燥後就會變成風乾肉腸Salami，其實風乾肉腸Salami是一種獨立的肉類加工食品，添加釋稀鹽（NPS）和乳酸菌，若酸鹼值（pH）和水分活性沒有降低，就不能成為風乾肉腸Salami，請確認並區分製作。通常會使用風乾肉腸Salami專用的熟成箱，進行溫度和濕度管理的同時也使其乾燥。在此使用的是葡萄糖酸內酯（GDL）的酸味劑，使酸鹼值（pH）能迅速下降，並同時併用乳酸菌，只要使用保麗龍箱或密閉容器，就能安全簡易地進行製作。

在南歐，會揉和風乾肉腸Salami的材料使其結著，但在此介紹的是不使其結著，容易脫去水分的德式作法。

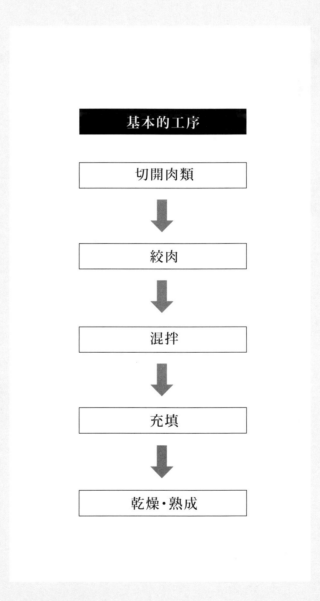

基本的工序

切開肉類

↓

絞肉

↓

混拌

↓

充填

↓

乾燥・熟成

Pfefferbeisser（德）
胡椒腸

製作風乾肉腸Salami時最重要的課題，就是設備、時間，還有必須有精準判斷力的熟成作業。但在此介紹毋需這些，僅需乾燥的風乾肉腸。藉由使用葡萄糖酸內酯（GDL）使酸鹼值（pH）能迅速降低，水分活性也因而降低，食物中毒細菌的繁殖被抑制，另一方面也增加了來自葡萄糖酸內酯（GDL）的酸味，進而能製作出風乾肉腸Salami的美味。若使用纖細的羊腸，則約1週左右可完成。依個人喜好，煙燻製作也可以。

材料（主材料1000g對應的份量）

A

豬瘦肉Ⅱ…500g
豬五花肉Ⅱ…500g
　　　共計…1000g

B

NPS（或食鹽）…17g
食鹽…10g

C

維生素C…1g
葡萄糖酸內酯（GDL）
　…4g
黑胡椒（細粒）…2g
黑胡椒（粗粒）…2g
大蒜粉…1g

腸衣
18/20～22/24的羊腸

a

b

c

d

肉腸內餡作法

1. 肉類切成3cm的塊狀，攤放在方型淺盤上，撒上**C**。

2. 待全體表面均勻後，再次攤放在方型淺盤上，放入冷凍庫中，使表面略微凍結。

　※ 藉著將肉類凍結，使肉能乾淨漂亮地絞碎，並且也能確實排除水分。

3. 在絞肉機裝上4～5mm的刀刃，絞碎*2.*的肉類，希望完成絞碎作業時的溫度在零度以下。

　※ 會期待肉類作業完成時是在零度以下的溫度帶，是因為肉類溫度上升則鹽溶性蛋白質會釋出，使得肉類結著並提高保水性，之後就會變得不容易乾燥了。

Point

0°C 以下

4. 在-2 ～ 2℃的狀態下（若溫度較此更高，可以再次冷卻後進行），放入混肉機（或略大的缽盆），撒入 **B**，避免揉和地混合。

5. 雖然需要整合肉類產生黏性，但要注意不要有過多的黏稠（結著）。
   揉和完成的溫度期望是 2 ～ 3℃。

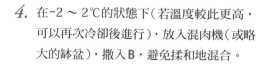

| **Point** 作業前 **-2~2**℃ | ➡ | **Point** 完成揉和 **2~3**℃ |

填充肉餡

6. 若有真空機，則可於事前排氣後再填裝至充填機內，充填至 18/20 ～ 22/24 的羊腸中。

7. 將腸衣的單邊打結，依個人喜好的長度扭轉整合形狀。將腸衣的另一端打結，用針刺入含有空氣之處以排出氣體。

8. 置於 20℃的乾燥之處，吊掛 24 ～ 48 小時使其乾燥。

   Point 乾燥 **20**℃

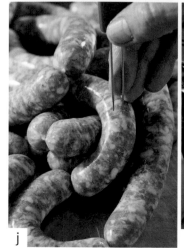

9. （依個人喜好）若煙燻時，以 20℃以下進行冷燻。

10. 之後，移至冷藏室，乾燥至個人喜好的硬度。

Edelschinmmel（德）
白黴風乾肉腸

是日本很受歡迎的風乾肉腸Salami。

通常風乾肉腸材料會添加乳酸菌來製作，但在此添加的是葡萄糖酸內酯（GDL），以更安全地製作為指標。

首先在葡萄糖酸內酯（GDL）的幫助下，可以使酸鹼值（pH）迅速地降低，同時也能降低水分活性，因此在乳酸菌的作用下，使肉類的蛋白質被分解，增加美味元素的氨基酸。

另一方面，表面沾上了與卡門貝爾起司同菌種的白黴，使風味更圓融的同時，還能有效防止其他有害黴菌的附著。進行發酵的菌元（starter）與加入的乳酸菌，同樣都是為了抑制其他有害菌種而加入。

材料（主材料1000g對應的份量）

A
> 豬五花肉 II …500g
> 豬瘦肉 I …500g
> 　　　共計…1000g

B
> NPS（或食鹽）…17g
> 食鹽…10g

C
> 維生素C…1g
> 乳酸菌…0.5g
> 黑胡椒（粗粒）…4g
> 大蒜粉…4g
> 葡萄糖酸內酯（GDL）…4g
> 乳糖…4g
> 葡萄糖…4g

紅酒…5g

D
> 白黴（冷凍）…2g
> （前一天先以1L的礦泉水還原）

腸衣
羊腸、豬腸、人工腸衣或個人喜好的腸衣

a 　 b

c 　 d

肉腸內餡作法

1. 肉類切成3cm的塊狀，攤放在方型淺盤上，撒上**C**。

2. 待全體表面均勻後，再次攤放在方型淺盤上，放入冷凍庫使表面略微凍結。
　　※ 藉著將肉類凍結，使肉能乾淨漂亮地絞碎，並且也能確實排除水分。

3. 在絞肉機裝上4～5mm的刀刃，絞碎*2.*的肉類。希望完成絞碎作業時的溫度在零度以下。
　　※ 會期待肉類作業完成時是在零度以下的溫度帶，是因為肉類溫度上升則鹽溶性蛋白質會釋出，使得肉類結著並提高保水性，之後就會變得不容易乾燥了。

e

f

g

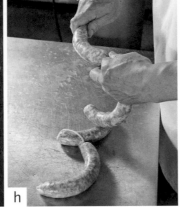

h

i

j

k

l

4. 在-2～2℃的狀態下（若溫度較此更高時，可以再次冷卻後進行），放入混肉機（或略大的鉢盆），加入紅酒，避免產生黏性地混拌（d）。

5. 加入**B**再繼續混拌，雖然需有整合肉類產生黏性，但注意不要產生過多黏稠（結著）地揉和。揉和完成的溫度期望是2～3℃。

Point
作業前
-2~2℃

Point
完成揉和
2~3℃

填充肉餡

6. 若有真空機，則可於事前排氣後再填裝至充填機內，充填入個人喜好尺寸的腸衣中。右邊的照片是人工腸衣60mm。

7. 將腸衣的單邊打結，依個人喜好的長度扭轉整合形狀。將腸衣的另一端打結，用針刺入含有空氣之處以排出氣體。若要使表面均勻附著白黴，可略微留下扭轉部分，切分每根風乾肉腸，打結（或是以風乾肉腸專用夾子固定，或以線材綁縛）。

8. 將7.全部浸漬在前一天以礦泉水還原的白黴液中，依下述的熟成作業進行。

使其發酵·熟成

9. 在下列的環境中使其發酵·熟成。

		溫度	濕度
前發酵	24小時	20℃	90%
乾燥作業	5日	20～16℃ 以5天的時間階段性地降低	85%～75% 以5天的時間階段性地降低
後發酵·熟成	3週間	14℃	75%

121

Chorizo（西）
紅椒粉肉腸

紅椒粉肉腸Chorizo是西班牙的風乾肉腸Salami，添加了作為辛香料的紅椒粉（煙燻紅椒粉Smoked paprika、甜椒粉Sweet paprika、辣椒粉Hot paprika）和奧勒岡Oregano，呈現出獨特的風味。

紅椒粉的酸性較強，或許是粉末容易被水分吸收，風乾肉腸Salami材料中一旦添加了紅椒粉，就能迅速地乾燥，也比較容易製作。

一般是切成薄片後食用，但也能切碎後添加至凍派Terrine或肉腸Saucisse當中形成紋樣；或取代培根，將切成薄片的風乾肉腸Salami用在製作高湯也非常方便。

材料（主材料1000g對應的份量）

A

豬五花肉Ⅱ…500g

豬瘦肉Ⅰ…500g

　　　共計…1000g

B

NPS（或食鹽）…17g

食鹽…10g

C

維生素C…1g

乳糖…4g

葡萄糖…4g

白胡椒（粉）…4g

煙燻紅椒粉（Smoked paprika）…20g

乳酸菌…0.5g

奧勒岡（Oregano）…2g

大蒜粉…2g

紅酒…5g

腸衣

個人喜好的腸衣或人工腸衣

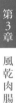

肉腸內餡作法

1. 肉類切成3cm的塊狀，攤放在方型淺盤，混拌除乳酸菌以外的材料**C**，使其均勻包覆肉類。

2. 待全體表面均勻後，再次攤放在方型淺盤上放入冷凍室，使表面略微凍結。

3. 在絞肉機裝上13mm的刀刃，絞碎*2.*的肉類。希望完成絞碎作業時的溫度在零度以下。

　※ 會期待肉類作業完成時在零度以下的溫度帶，是因為肉類溫度上升則鹽溶性蛋白質會釋出，使得肉類結著並提高保水性，之後就會變得不容易乾燥了。

d　e　f

g　h

i　j

k　l

4. 在-2～2℃的狀態下（若溫度較此更高時，可以再次冷卻後進行）放入混肉機，避免揉和地混拌。加入乳酸菌後再次混拌。

5. 接著加入紅酒繼續混拌。

6. 加入 B，揉和至產生黏性凝結成團，但不致結著的程度。揉和完成時希望是 2 ～ 3℃。

Point
作業前
-2~2℃

↓

Point
完成揉和
2~3℃

填充肉餡

7. 若有真空機，則可於事前排氣後再填裝至充填機內，充填至個人喜好的腸衣中。

8. 將腸衣的單邊打結，依個人喜好的長度扭轉整合形狀。將腸衣的另一端打結，用針刺入含有空氣之處以排出氣體。此時，可略微留下扭轉部分，切分每根風乾肉腸，打結或是以風乾肉腸專用的夾子固定，或以線材綁縛（也可以在相連結的狀態下，開始熟成作業）。

9. 兩端以線材綁成 U 字型（棒狀也可以）。

10. 與白黴風乾肉腸相同地進行發酵‧熟成作業（請參照 P.121）。

風乾肉腸Salami的發酵，雖說是利用細菌、酵母菌、黴菌分解肉類的蛋白質，但在高溫潮濕的日本，要能順利地進行這些作業，熟成箱就成必需裝備了。所謂的熟成箱，是能夠在進行風乾肉腸Salami的發酵、熟成時，對溫度和濕度進行控制調整的裝備。

風乾肉腸Salami的專用熟成箱價位相當高，也能下點工夫地用其他的機器或工具來取代。

例如，在略感微涼氣溫18℃前後的季節，在能密閉的箱內放入濡濕的毛巾，或在箱內噴霧保持足夠的濕氣即可。在溫度更低的季節，可以在保麗龍箱內放入加熱燈，或熱水袋以調節溫度，並以濡濕的毛巾包捲熱水袋以調整濕度。

如此完成前發酵和乾燥作業，之後利用酒窖（Wine cellar）依個人喜好，進行後發酵・熟成即可，所以只要下點工夫，就能解決。

只是，像這樣簡便的製作，建議添加葡萄糖酸內酯（GDL），比較能迅速地降低水分活性。

另外，像這樣風乾肉腸Salami在穩定發酵後，暫時使其熟成可以更增加風味。僅吊掛著進行乾燥，無法更添美味。理想狀態是保持在溫度14℃、濕度75%的環境下。

酒窖接近這個條件，所以能以此代用。

再更簡單的方法，就是用牛皮紙（Kraft paper）確實包覆，可以在保持濕度的同時又能緩慢地排出水分，吊掛於室溫（理想是14℃）之下即可。

第4章

生火腿、火腿、培根

使用肉塊製作的成品。

首先將肉塊直接鹽漬加工。鹽漬的方法，有直接塗抹鹽類的「乾醃法」，和浸漬在鹽漬液的「濕醃法」。

「乾醃法」是小型塊狀或薄型者，使其乾燥製成，適合像生火腿這樣的產品。

「濕醃法」適合火腿或培根般，可以穩定均勻地滲入鹽分，也不會對肉品加壓，能完成穩定的成品。

即使是相同部位的肉品，也會因為鹽（在此使用NPS）的用量改變，使得培根變成生培根Pancetta、煙燻鴨胸變成乾燥熟成鴨胸Magret de canard séché。

此時鹽的用量具有特殊意義，因此請確實的確認用量。

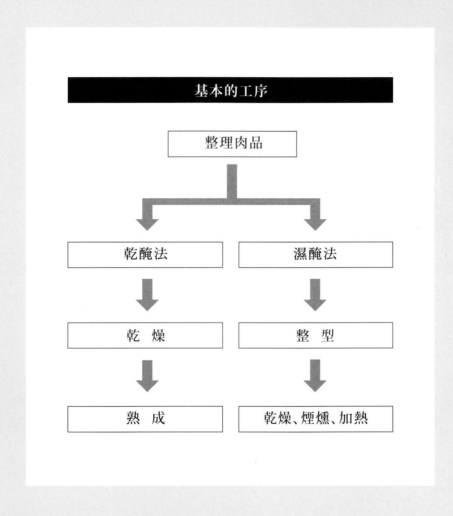

基本的工序

整理肉品

乾醃法　　　　　濕醃法

乾　燥　　　　　整　型

熟　成　　　　乾燥、煙燻、加熱

Coppa（義）
生 火 腿

義大利生火腿的一種。在義大利南部也被稱為「Capocollo」。

豬腿肉的生火腿因乾燥需要較長時間，因此選用以肩里脊肉製作的生火腿。鹽漬後填入牛的盲腸，熟成乾燥製成。

雖然大約3個月左右可以完成，但再略為放置可以更加進化熟成，美味濃縮。若擔心過於乾燥時，也可以採用真空包裝使其熟成。

材料（主材料1000g對應的份量）

A
| 豬肩里脊肉…1000g
| NPS（或食鹽）…30g

B
| 砂糖…3g
| 黑胡椒（顆粒）…1g
| 杜松子（Juniper berry）
| 　（整粒）…1g
| 芫荽…1g
| 月桂葉…1/2片

紅酒…適量

腸衣
　牛盲腸、人工腸衣

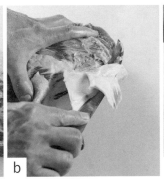

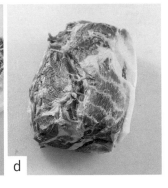

a　b　c　d

肉 類 的 預 備 處 理

1. 削去豬肩里脊肉上多餘的脂肪和碎肉，使其成為平整的肉塊。

　　※ 一旦表面凹凸很容易衍生雜菌，成為腐敗或變質的原因。

e　f

2. 量測肩里脊肉的重量，以此計算NPS和材料**B**的用量。將其摩擦塗抹至肉塊上。

3. 裝入真空袋（若沒有，也可以用排出空氣的夾鏈袋來替代），置於冷藏室（2～5℃）3週鹽漬。每2天上下翻動一次。

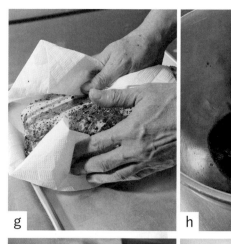

4. 3週後，以溫熱水洗去醃漬鹽，以廚房紙巾充分拭乾水分。

5. 表面浸漬足以濡濕程度的紅酒。

填充肉餡

6. 填裝入牛的盲腸，以線材綁縛整型。

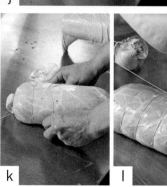

7. 在溫度14～18℃，濕度65～75%的熟成箱或酒窖中，使其熟成3～6個月。

Point

熟成 **14~18**℃

Jambon blanc（法）
白火腿（**Ham boil type**）

這款是不經燻製，而以高湯燙煮或蒸氣加熱完成的火腿。可以直接使用帶骨肉塊，或是用剔了骨容易切
片的肉塊，有各種各樣的形狀，在法國是很常見的火腿。

加熱時填裝在四方的模型中完成，所以名為「Jumbon de Paris」。

真空包裝後直接加熱，可以提高保存性，非常方便，但請務必注意中心溫度。

Jambon fumée（法）
煙燻火腿（**Ham smoked type**）

在日本提到火腿，與法國相反地，都是煙燻製品。話雖如此，加熱前的肉類預備作業，幾乎與白火腿 Boil type 相同。

表面煙燻，不但能使肉類香氣更盛，還能增加保存性。

即使同為煙燻火腿，在日本偏好的是潤澤的口感，而歐洲較偏愛乾硬的滋味。

材料（主材料1000g對應的份量）

以下「白火腿」和「煙燻火腿」相同

A
| 豬腿肉…1000g
B 鹽漬液（Saumure）*…1L
　*也稱為「Pickle液」。
| 調味液Décoration…1L
| NPS（或食鹽）…55～60g
| 砂糖…6g
| 維生素C…2g

調味液Décoration

水…1L	百里香（乾燥）…1小撮
洋蔥（薄片）…1/2個	丁香…1個
紅蘿蔔…1/2根	杜松子（Juniper berry）…2個
芹菜…1根	大蒜…2個
平葉巴西利的莖…少許	月桂葉…2片

調味液Décoration的製作方法
在鍋中放入材料中的蔬菜和香草，用水熬煮1小時後以網篩過濾。

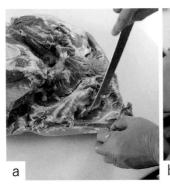   

a　b　c　d

肉類的預備處理

1. 豬腿肉，依個人喜好切成大的塊狀，除去大的筋膜、淋巴和多餘的脂肪。
　　薄的筋膜在鹽漬時會變軟，所以留下也沒關係。減少表面的凹凸調整形狀。

e　f

2. 量測肉類的重量，相對於1000g的肉類製作1L的鹽漬液（Saumure）。調味液不足時，可用水補足。

Ham（Boil type/Smoked type） *Jambon blanc / Jambon fumée*

g

※ 鹽漬的事前處理之一是用粗的針或叉子，在肉類全體表面刺入幾處，使能容易滲入即可。此時，大約1天滲入1cm左右的程度（並非必要）。

3. 鹽漬肉類。方法有以下2種。

Point

冷藏 **2~5℃**

鹽漬方法①

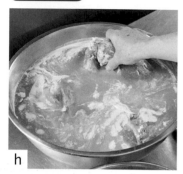

h

直接將肉浸漬在鹽漬液中放入冷藏室。相對於1000g約是4～6天為基準。雖然也會因大小而有所不同，但大約是2～3週即可完成。

鹽漬方法②

i

相對於肉類的重量，將鹽漬液全量中的10～15%用注射器注入肉塊中。之後再浸漬在其餘90～85%的鹽漬液中，置於冷藏室鹽漬。相對於1000g約是3～6天為基準。較鹽漬方法①更快，也更容易使肉類全體均勻滲入。

整 型

4. 肉類的整型方法如下，有各種方法。

方法①

直接以肉類的原型。

方法②

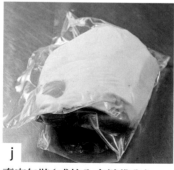

j

真空包裝（或放入夾鏈袋內）。

方法③

k

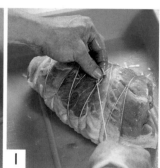

l

綁縛線材。

方法④

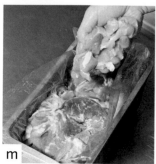

m

n

o

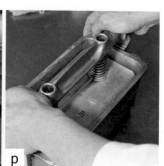

p

濡濕專用模型，墊放膠膜，油脂部分朝下地放入肉塊，另一端完全放入後，以膠膜包覆。先緊密地覆蓋模型蓋，再取下蓋子調整肉塊的位置。再次以最大力度覆上模型蓋，再略為放鬆地鎖緊。

白火腿Boil type

方法①

用蒸烤箱加熱（左：真空包裝、右：填裝至模型）

方法②

以鍋子燙煮（直接放入、真空包裝、綁縛線材）

煙燻火腿Smoked type

方法①

在煙燻箱進行乾燥、煙燻、加工
的作業。

方法②

沒有煙燻箱時，可以置於受風
處數小時至半天使其乾燥，待
表面乾燥後，以60℃左右的煙
來燻製。之後再放入蒸烤箱或
熱水中製作出75～85℃的環
境，加熱至中心溫度達63℃，
30分鐘。

加熱完成

5. 加熱方法，在多方考量之下有如左側各
種方式，但務必要遵守加熱環境必須在
75～85℃，中心溫度必須達到63℃，
30分鐘。

   ※ 以經驗來說，中心溫度達63℃後，持
   續以上述條件加熱30分鐘時，中心溫
   度會上升至68～70℃左右。

6. 完成後，各別保存在冷藏室。

Point
中心溫度 **63**℃ **30**分

Point
中心溫度 **63**℃ **30**分

Pancetta（義）
生培根

簡單來說，就是義大利的鹽漬五花肉，但這款一旦熟成乾燥後，就能像生火腿般食用。其他國家也有相同的製品，像法國的 Lard maigre、德國的 Speck，都與其相當，只在於是否有煙燻的差別而已。

通常，在歐洲像日本這樣加熱型的培根較少，如這款生培根般鹽漬、生食者，也可以作為培根來使用。

Bacon（美）
培根

這款培根，在歐洲不太常見，或許是日本和美國獨創的肉類加工品也說不定。

本來，所謂的培根在歐洲古老的語詞中，指的就是「里脊肉」的意思，實際上「加拿大培根Canadian bacon」貌似就是日本的「里脊火腿 Loin ham」。

生培根 *Pancetta / Bacon*

材料（主材料1000g對應的份量）

以下NPS以外的所有材料「生培根 Pancetta」「培根 Bacon」都是共通的

A

| 豬腿肉…1000g

B

| NPS（或食鹽）…30g
| （用於培根時是20g）
| 維生素C…1g

C

| 砂糖…3g
| 黑胡椒（整粒）…1g
| 杜松子（整粒）…1g
| 芫荽（整顆）…1g
| 月桂葉…1/2片

※ 以上述為基底，可依個人喜好，調整香料

a

b

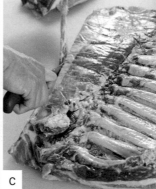
c

d

肉類的預備處理・鹽漬

1. 豬五花肉，切除較硬部位、脂肪或瘦肉不均勻的部分，調整形狀。

e

f

2. 量測肉類的重量，依上述比例調配NPS和材料**C**的用量。用攪拌機或研磨缽搗碎混合，塗抹在肉類全體的表面和底部。

g

h

i

j

k

l

3. 裝入真空袋（若沒有，也可以用排出空氣的夾鏈袋來替代），置於冷藏室（2～5℃）使其熟成。

生培根 Pancetta，則是放置3週使其熟成。期間每2天上下翻動一次。

培根 Bacon，則是放置1週使其熟成。期間每2天上下翻動一次。

> **Point**
> 冷藏 **2~5**℃

4. 冷藏熟成後，以流動的水沖洗掉表面的鹽分。香料則沒有沖洗也沒關係（也會成為外觀上的點綴）。

5. 以廚房紙巾拭去水分。

　※ 肉類的間隙容易堆積水分，因此請仔細地擦拭。一旦殘留水分，就會成為雜菌的溫床。

完成

生培根 Pancetta

6. 吊掛於冷藏室內，於受風處3～5天，使其乾燥（j）。

7. 移至熟成箱，1～2週使其熟成（k）。

> **Point**
> 熟成 **14~18**℃

培根 Bacon

8. 在煙燻箱完成。沒有煙燻箱時，可以置於受風處數小時至半天使其乾燥，待表面乾燥後，以60℃左右的煙來燻製。之後再放入蒸烤箱或熱水中製作出75～85℃的環境，加熱至中心溫度達63℃，30分鐘。

> **Point**
> 中心溫度 **63**℃ **30**分

9. 放涼後，保存在冷藏室。

Magret de canard séché (法)
乾燥熟成鴨胸

鴨胸肉，與生火腿Coppa或生培根 Pancetta相同的製作方法，可以在短時間製作完成。使用脫水墊或真空包裝，也可以減少衛生方面的擔心。鴨脂的融點較一般的14℃更低，因此在酒窖中乾燥熟成時，請注意可能會有油脂融出。

在表面撒的紅椒粉、灰以及香草等，可以增添風味也能防止雜菌的衍生。在此試著使用製作起司用的白黴菌。

Magret de canard fumée（法）
煙燻鴨胸

煙燻鴨胸，至鹽漬作業為止，與乾燥熟成鴨胸 Magret de canard séché 的方法相同。只是鹽的用量與鹽漬時間不同。這是有原因的，理解其差異也非常重要。

煙燻鴨胸的鹽漬，目的在於調味及呈色，但乾燥熟成鴨胸的鹽漬還有另一個脫水的目的。因此乾燥熟成鴨胸需要較長的鹽漬時間。

話雖如此，無論哪一種都是可以在相對短時間內完成的美味製品，所以請大家務必一試。

乾燥熟成鴨胸 / 煙燻鴨胸 *Magret de canard séché / Magret de canard fumée*

材料（主材料1000g對應的份量）

以下NPS、白黴以外的所有材料「乾燥熟成鴨胸」
「煙燻鴨胸」都是共通的

A

鴨胸肉⋯1000g

B

NPS（或食鹽）⋯30g
（用於煙燻時是20g）

C

砂糖⋯3g
黑胡椒（整粒）⋯1g
杜松子（整粒）⋯1g
芫荽（整顆）⋯1g
月桂葉⋯1/2片

D（煙燻時不使用）

白黴（冷凍）⋯2g
（用1L的礦泉水於前一天還原備用）

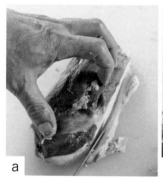
a

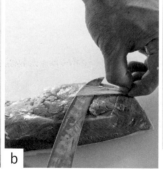
b

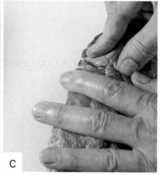
c

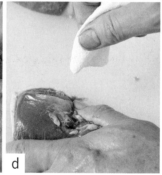
d

肉的預備處理・鹽漬

1. 鴨胸肉，切除多餘的表皮、脂肪、胸膜和筋。接著按壓血管，按壓出殘留
的鴨血，用廚房紙巾吸淨。

e

f

2. 量測鴨胸肉的重量，依上述比例調配NPS
和材料**C**的用量。用攪拌機或研磨缽搗碎
混合，塗抹在鴨胸全體的表面。

g | h

 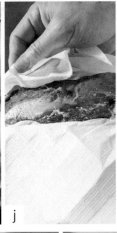 

i | j | k

l | m

n

3. 鴨胸肉面貼合地2片1組。

4. 裝入真空袋（若沒有，也可以用排出空氣的夾鏈袋來替代），置於冷藏室（2～5℃），製作乾燥熟成鴨胸時，則是放置10天至2週鹽漬。期間每2天上下翻動一次。
製作煙燻鴨胸，則是鹽漬3～4天。期間每2天上下翻動一次

Point

冷藏 **2~5℃**

5. 由袋中取出，以流動的水沖洗鹽分。香料會成為外觀上的點綴沒有沖掉也沒關係。

6. 以廚房紙巾充分拭去水分。

　　※ 肉的間隙容易堆積水分，因此請仔細地擦拭。一旦殘留水分，就會成為雜菌的溫床。

7. 在鴨胸肉的一端刺出孔洞，穿入線材。

完成

　乾燥熟成鴨胸

8. 將全體浸泡在前一天以礦泉水還原的白黴液中。

9. 放入溫度14～18℃、濕度65～75%的熟成箱，或14℃的酒窖1～2週使其熟成（m）。

Point

熟成 **14~18℃**

　煙燻鴨胸

10. 在煙燻箱完成。沒有煙燻箱時，可以置於受風處數小時至半天使其乾燥，待表面乾燥後，以60℃左右的煙來燻製。之後再放入蒸烤箱或熱水中製作出75～85℃的環境，加熱至中心溫度達63℃，30分鐘。

Point

中心溫度 **63℃ 30分**

11. 放涼後，保存在冷藏室。

第5章

抹醬、油封

抹醬Rillettes 和油封Confit，通常泛指以低溫油脂調理而成。

因為調理的方式十分多樣化，只要以此基準製成的，就會被稱為抹醬
Rillettes 或油封Confit。

本書中是以類似熟食冷肉的正統製作方式，以低溫油脂來烹調。

以食材本身的油脂為基礎，再添加必要用量的豬油或鴨脂，加入香草或香
料以提高完成時的香氣。可依個人喜好來增減油脂量，加入熬煮的高湯（原
汁），也可以清爽地完成製作。

基本的工序

【抹醬】

分切肉類與脂肪

↓

加　熱

↓

攪　散

↓

凝　固

【油封】

整理肉類

↓

鹽漬・醃泡

↓

加　熱

Rillettes de porc（法）
豬肉抹醬

是熟食冷肉食品中最經典的一項製品。

在法國勒芒（Le Mans）、都爾（Tours）和阿讓（Agen）的抹醬都十分著名，首先在此介紹給大家可以簡單製作的食譜。

為能製作出柔軟滑順的口感，脂肪請選用五花部位、牛乳房部位，或大腿脂肪（這些脂肪的融點低，所以入口即化）。冷卻後凝固時，可以滲入肉類纖維中，請想成脂肪呈分散般的存在。在此採用的是「帶有肉類紋理纖維完成的方法」。

實踐篇 第5章 抹醬、油封

材料

A

豬腱瘦肉…850g	
豬軟脂肪…450g	
共計…1300g	

（A也可以用下列的配方比例）
豬腱瘦肉…520g
豬五花肉 II …520g
豬軟脂肪…260g
共計…1300g

B（以熬煮後主材料1000g對應的份量）

食鹽…10g
四香粉（Quatre épices）…2g
胡椒…1g
月桂葉…1片

a

b

c

加熱肉類

1. 將肉類和脂肪切成3cm的塊狀。

2. 僅將脂肪放入鍋中，以中火煎至開始呈色。

3. 再放入肉類，煎至表面呈現金黃色。

　※ 肉焦至產生焦色時，完成的抹醬會留下焦硬的部分。想要避免這個狀況時，肉類不經過香煎，直接放入鍋中熬煮也沒有關係。

4. 移至較大的鍋中，放入用量的鹽和月桂葉，加入淹沒食材的水，蓋上鍋蓋，以小火加熱6小時。最後完成時為1000g（熬煮至乾時再添加水分）。

完成

5. 熬煮完成後移至缽盆，（墊放冰水）邊冷卻邊以馬鈴薯搗碎器（Potato masher）搗散肉類纖維。

6. 降溫後，加入四香粉和白胡椒。

7. 用馬鈴薯搗碎器混拌的同時，在肉的纖維中拌入脂肪，使其冷卻。

　※ 帶有纖維質口感的抹醬，很適合搭配法式長棍麵包或鄉村麵包食用。

完成細絞抹醬的方法

1. 將肉醬和脂肪切成3cm的塊狀。

2. 僅將脂肪放入鍋中，以中火煎至開始呈色。

3. 再放入肉類，煎至表面呈現金黃色。

4. 加入用量的鹽和水，放入旋風蒸烤箱中用85℃的蒸氣加熱一晚。

5. 翌日，量測肉類、脂肪和水分重量，使其合計成為1000g，用濾網過濾出固態的肉，再將殘留的水分熬煮。

6. 在食物料理機內放入肉類和脂肪，避免過度打碎，一邊注意狀態一邊攪打。取出放至缽盆中，下方墊放冰水冷卻並混拌肉類、脂肪與熬煮過的湯汁。

　※纖維細緻，所以適合搭配質地細的麵包（吐司、熱狗麵包、貝果等）。

Confit de canard（法）
油封鴨

小酒館的經典料理，現在也是日本常見的佳餚。

在日本的餐廳會帶著鴨皮烘烤，但特地進行了溫度管理，柔軟地完成的鴨肉，也會因此過度受熱而變得乾硬，反而可惜。這道料理應該是鴨皮適度地烘烤、鴨肉鬆軟綿柔、入口即化的口感。

要完成狀況良好的成品，加熱前確實地將肉浸漬在鹽水中，並且確實地脫去水分很重要，也請務必以定溫進行加熱。

油封鴨 *Confit de canard*

材料（主材料1000g對應的份量）

A
| 鴨腿肉（帶骨）…1000g

B
| NPS（或食鹽）…17g
| 黑胡椒（粒狀）…2g
| 大蒜…1瓣
| 月桂葉…1隻鴨腿1片
| 百里香…1小撮

鴨脂（或豬脂）…適量

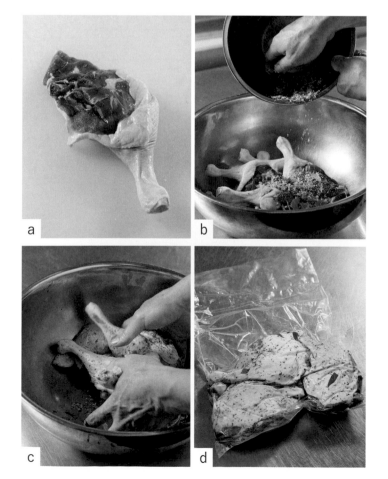

鹽漬鴨肉

1. 鴨腿肉除去多餘的鴨皮和鴨骨，整理形狀。略清洗後以廚房紙巾拭乾水分。

2. 磨碎黑胡椒、月桂葉、百里香，搗碎大蒜與食鹽混合，一起與鴨腿肉揉和。

3. 鴨腿肉盡可能避免接觸空氣，不留間隙地填滿材料進行鹽漬・醃泡。盡可能以兩片鴨腿肉為一組，鴨肉或鴨皮貼合地放入真空袋內。或緊實排放在缽盆或方型淺盤上，並覆蓋保鮮膜。以此狀態靜置於冷藏室一或二晚。

4. 進行過鹽漬·醃泡的鴨腿肉用水清洗，以廚房紙巾充分拭乾水分。

5. 將1片鴨腿肉放入一個真空袋內，再添加1大匙鴨脂後，密封。

加熱完成

6. 放入75℃的旋風烤箱中加熱12小時。
   ※ 不使用旋風烤箱時，在鍋中放入鴨脂加熱至95℃，將4.的鴨肉放入，以85～75℃加熱2小時。之後熄火，緩緩利用餘溫，溫度降至60℃時，以網篩取出鴨肉，分開脂肪和水分，將鴨肉再次放回鴨脂中保存。

Point
加熱 **75**℃

Rillettes de Tours（法）
都爾抹醬　白酒風味

由被稱為抹醬發祥地的都爾（Tours）所傳承下來的抹醬。

前項的抹醬是以肉類、鹽和香料製作，這款則是添加了洋蔥、大蒜和高湯。最具特色的是加了白酒，為彰顯其呈色地製成纖維略粗大的成品。

品嚐得到粗粒的口感，很適合搭配鄉村麵包或裸麥麵包。

都爾抹醬　白酒風味

材料（主材料1000g對應的份量）

A

豬五花肉II…1000g

B

洋蔥…1個

大蒜…1瓣

葡萄酒（不甜的、紅酒也都可以）…120g

食鹽…10g

高湯…適量

豬脂…少許

C

胡椒…2g

四香粉（Quatre épices）

（若無則可用肉豆蔻Nutmeg）…1g

月桂葉・百里香…各適量

加熱肉類

1. 將肉類切成2cm的塊狀。

2. 在鍋中加熱豬脂，放入肉類拌炒至表面呈金黃色。

3. 放入切成薄片的洋蔥和大蒜，輕輕拌炒。

4. 加入半量的葡萄酒以及鹽、月桂葉、百里香，蓋上鍋蓋以小火燉煮3小時。過程中水分減少時，則添加其餘半量的葡萄酒和高湯加以調整。

e

f

g

h

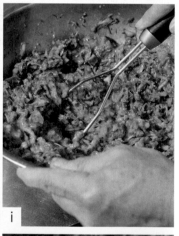

i

j

5. 燉煮3小時的狀態（e）。水分殘留這樣的程度，肉類仍稍有硬度時熄火。

※ 內容物的重量，大約是開始燉煮前的75%左右最為理想。

完成

6. 熬煮完成後移至缽盆，用木杓（或搗碎器Masher、叉子等）攪散。

※ 殘留少許肉塊，留有口感會更感受到其中的美味。

7. 待略降溫後，加入四香粉和胡椒。

8. 放入冷藏室冷卻，待脂肪開始凝固時，取出，充分混拌全體。

9. 完成。

Pulled pork（美）
手撕豬肉

放眼全球，最受歡迎的肉類抹醬Rillettes，應該是像美式抹醬這樣的成品。與其他抹醬同樣地將肉塊長時間小火燉煮，攪散。

感覺像是在烤肉醬裡煮出來的，相較於一般的抹醬，更包含幾分料理要素的強烈印象，因此可以運用的範疇也更廣泛。

肉類用什麼肉都可以（雞或羊等也行），纖維粗的肉類會留下略硬的口感，煮汁略多會較為美味。雖然冷的吃也不錯，但溫熱時更棒。

手撕豬肉 *Pulled pork*

材料（照片是下述的3倍用量）

A

> 豬五花肉｜…700g
> 洋蔥…1個
> 大蒜…1瓣

B

> 砂糖…30g
> 番茄醬…100g
> 芥末粉…10g
> 紅椒粉…5g
> 孜然粉…5g
> 紅酒醋…50g
> 伍斯特醬…50g

頂級初榨橄欖油…30g

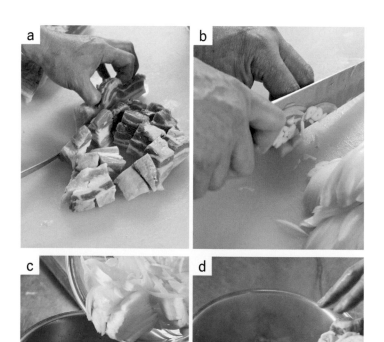

加熱肉類

1. 將豬五花肉切成3cm的塊狀。

2. 洋蔥和大蒜切成薄片。材料**B**在缽盆中混合備用。

3. 在鍋中倒入橄欖油加熱大蒜，待散發香氣後加入洋蔥拌炒。

4. 拌炒至洋蔥變軟後，加入 *1.* 的肉類，以小火避免燒焦地拌炒約5分鐘。

e

f

g

h

5. 加入300g的水（份量外）、混合準備好的
材料**B**，蓋上鍋蓋以小火燉煮3個半小時。

完成

6. 確認肉類變柔軟後，用叉子或馬鈴薯搗碎
器搗散。

日本BBQ時，會在網架上燒烤肉類或魚，但在美
國，則是在密閉的烤箱蒸或烤。 BBQ料理現在
似乎也非常流行，這道就是BBQ料理之一，將
BBQ所用較硬部位的肉類緩慢烹調後攪散製成。
在歐洲是「Pulled meat」，不僅使用豬肉，
也使用雞肉和牛肉。 加入熱狗作為夾餡也很受
歡迎。

第6章

肝醬

雖然都收錄在肝醬類別中，但其實有些是類肝醬的製品。看看德國的肝腸Leberwurst、法國的Pâté de foie、Mousse de foie、parfait de foie，就可以一窺其受歡迎的程度了。在此介紹3種肝醬。

首先是僅用食物料理機就能完成的食譜；風味十足容易應用的食譜；以及不添加致敏物（Allergen），小朋友也能放心食用的食譜。各別掌握住特徵，就能靈活運用在各種料理中。

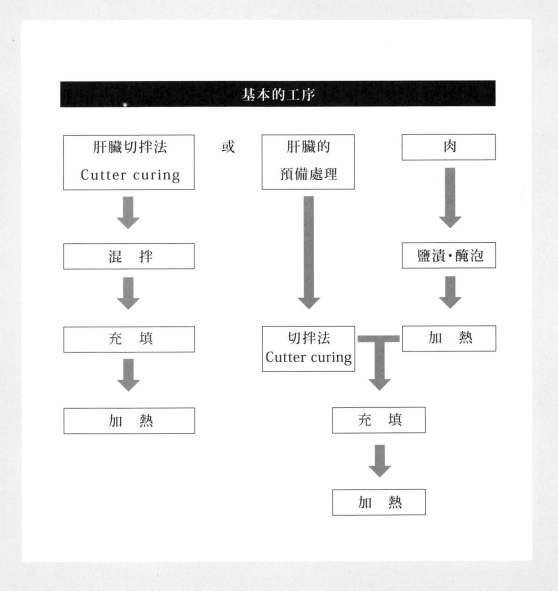

Mousse de foie de volaille（法）
雞肝慕斯

簡單就能完成，非常美味的肝醬。

這個食譜，肝臟、雞蛋和鮮奶油都具有作為乳化劑的作用，因此不會失敗，只是需要注意肝臟的滑順度。為確實地製作出滑順口感的雞肝慕斯，在將肝臟放入食物料理機時，要先確實將肝臟進行切拌法Cutter curing後加入食鹽，這就是美味製作的訣竅。這個食譜的製成品無法長期保存，所以請儘早享用完畢。

材料

A

雞肝…700g

鮮奶油…200g

全蛋…3個

個人喜好的酒類…30g

B（主材料 **A** 1000g對應的份量）

NPS（或食鹽）…13～16g

維生素C…1g

砂糖…3g

白胡椒…2g

肉豆蔻（Nutmeg）…2g

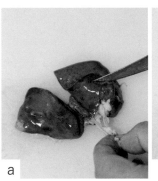
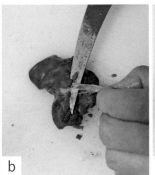

雞肝的預備處理

1. 用刀尖仔細地挑出並切除雞肝中的血管和膽管。

製作慕斯

2. 將雞肝放入食物理機中，攪打成慕斯狀。

3. 加入 **B** 混拌之後，分3次加入鮮奶油，接著同樣分3次加入雞蛋混拌。

4. 最後，加入個人喜好的酒類，用過濾器（strainer）過濾至模型中。

加熱完成

5. 用160℃的烤箱，烘烤5分鐘至表面形成薄膜，之後，將設定溫度調降至90℃，加熱至中心溫度達85℃。

Point

中心溫度 **85**℃

6. 取出後稍加放置降溫，在表面倒入融化的奶油。

Mousse de foie-gras et foie de canard（法）
鵝肝與鴨肝慕斯

加了鵝肝，有著高度香氣的鴨肝慕斯。不僅是肝臟，還添加了鮮奶油、肉類和脂肪，所以十分濃郁。這道食譜當中最需要注意的是肉類和脂肪的處理，煮過的肉類要以煮汁來調整補足其原本的重量，除此之外，也請注意鮮奶油的溫度，以及熬煮後份量的掌握。

這款慕斯，利用肝臟的乳化性，使得肝臟和肉類在高溫之下被乳化，再利用雞蛋的熱變性使其凝固。

鵝肝與鴨肝慕斯 *Mousse de foie-gras et foie de canard*

材料

A

鵝肝…120g

鴨肝…180g

B（1000g主材料**A**對應的份量）

食鹽…12～15g

白胡椒…2g

四香粉（Quatre épices）…1.5g

肉豆蔻（Nutmeg）…1g

C＜接合＞（1000g主材料**A**對應的份量）

豬胸脂肪、豬五花脂肪…200g

豬喉肉…150g

鮮奶油…200g

白波特酒（或甜味的白葡萄酒）…30g

澱粉…20g

全蛋…2個

清高湯凍液（請參照P.230）…適量

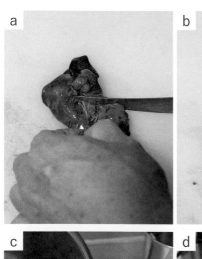

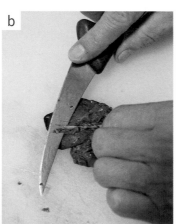

鵝肝與鴨肝的預備處理

---

1. 用刀尖仔細地挑出並切除鴨肝中的血管和膽管。
鵝肝也同樣取出其中的血管和膽管（請參照P.197。也可以先收集製作凍派時的碎屑備用。）

製作慕斯

---

2. 接合用的豬胸脂肪、豬五花脂肪、豬喉肉（共計350g），各別切成1cm的方塊。放入85℃的高湯中煮約5分鐘，量測煮過後的固狀物，加入煮汁補足原本350g的重量（鵝肝＋鴨肝為1000g時）。保溫備用（50～60℃）。

Point

保溫 **50~60℃**

3. 將鵝肝與鴨肝放入食物料理機內，進行切拌法Cutter curing。待成為滑順狀態後加入B，再繼續切拌法。

4. 加入保溫備用的2.，以高轉速地進行切拌法。

5. 確認4.成為滑順的糊狀後，加入溫熱至60℃的鮮奶油，輕輕地進行切拌（完成切拌法時希望溫度能達46℃以上）。

Point

鮮奶油 **60**℃

6. 圈狀的倒入澱粉，加入雞蛋後再繼續進行切拌法。

7 最後加入白波特酒。

加熱完成

8. 倒入模型中，用130℃的旋風烤箱，加熱至中心溫度達80℃。

Point

中心溫度 **80**℃

9. 取出降溫後，在表面倒入清高湯凍液（請參照P.230），凝固。

Leberwurst（德）
肝腸

是德國常見的肝醬。

水煮過的肉類用泥狀的肝臟聚合，肝臟中含有脂蛋白（Lipoprotein），也會從蛋白質側面開始產生熱凝固，也像雞蛋的卵磷脂（Lecithin）或牛奶的酪蛋白（Casein）（磷蛋白）般具有乳化劑的作用。在此，利用肝臟熱變性的特性，期望能成為埋入砂粒間水泥般的作用，為使肉類釋出的脂肪不會浮於表面，最重要的就是肝臟的乳化。

這款製品也是採用高溫乳化，因此為了使其確實乳化，請在每個烹調作業時確認溫度。

材料（主材料1000g對應的份量）

A

豬肝（或雞肝）…250g
豬五花肉 II …750g
　　　共計…1000g

B

肝臟用 NPS（或食鹽）…4.3g
豬五花肉用 NPS（或食鹽）…12.7g
肝腸 Leberwurst 香料…5～7g
或｜白胡椒…2g
　｜薑粉…0.5g
　｜小荳蔻（Cardamom）…0.3g
　｜肉豆蔻皮（Mace）…0.5g

蜂蜜…2g
香草精…0.1g

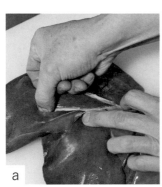
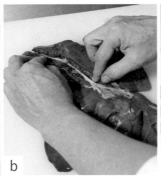
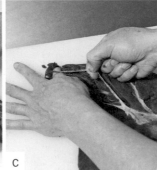
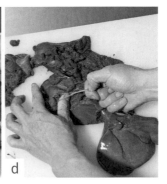

a　　b　　c　　d

豬肝的預備處理

1. 從豬肝中挑除血管和膽管。直立姆指尖沿著血管和膽管滑動手指，避免切斷地仔細拉出，將其從肝臟中除去。若有膽汁染到的綠色部分，請一併除去，暫時冷卻備用。
※毛細血管越到尖端越細、容易斷，所以要從前端開始注意地向外拉出。

e　　f

準備豬五花肉

2. 將豬五花肉用的 NPS（或食鹽）與豬五花肉充分混拌，覆蓋保鮮膜（或真空袋）。置於冷藏室24～48小時鹽漬。

3. 倒滿水（或高湯）以小火加熱1小時燙煮（使用真空袋時，可以直接以85℃的蒸氣加熱90分鐘）。暫停，將煮汁與肉類分開測量重量，用煮汁（以上層為脂肪的部分為主）補足原來750g的重量。保溫備用（50～60℃）。

Point

保溫 **50~60**℃

製作肝醬的材料

4. 食物料理機的鋼盆先冷卻備用。放入肝臟以高速轉動切拌法Cutter curing，約1分鐘左右。待肝臟成為液態狀產生氣泡時，停止，加入肝臟用NPS（或食鹽）。再以高速轉動切拌約1分鐘左右，之後取出放入缽盆中。

5. 將清潔過的食物料理機鋼盆中放入3.保溫備用的肉類，細細地進行切拌法。加入煮汁、香料、蜂蜜，再切拌至滑順狀態。

6. 將4.的肝臟放入5.的食物料理機中，再度切拌至全體均勻為止。

7. 完成時，加入香草精，略微混拌（此時，希望溫度能達46℃以上）。

加熱完成

8. 放入模型（或腸衣內），用設定在85℃的蒸烤箱加熱至中心溫度達75～85℃。

Point

中心溫度 **75~85**℃

第7章

肉凍

肉凍之中，有添加明膠使其凝固者，也有利用肉類本身所擁有的明膠（來自骨骼、筋、皮）來凝固的種類。

所謂明膠（吉利丁Gelatin），指的是肉類蛋白質中一種膠原蛋白（Collagen），因加熱而變性，成為溶於水分的狀態。

利用肉類所擁有的明膠時，請注意加熱溫度。明膠的主要成分─膠原蛋白，約從56℃開始產生變性，但實際上約70～85℃時最容易變性，溫度再更高時，肉、骨、筋、皮很難保持其原狀，會溶於煮汁中。

肉、骨、筋、皮中，想要保留下明膠時，必須在85℃以下，想要將其煮至溶化於湯汁，則加熱至90℃以上即可。本章節中，考量此特性加熱至85℃左右。

加熱時間和溫度，會直接影響製品的完成狀態。首先請思考自己想製作哪樣的成品，再開始進行。

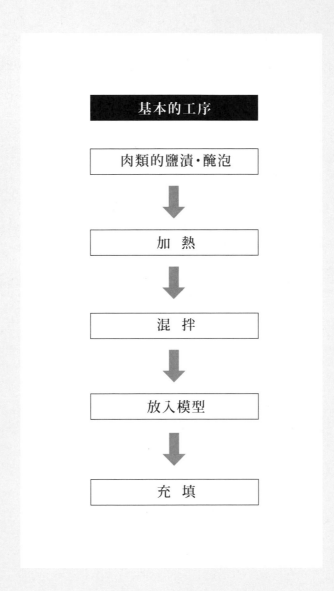

基本的工序

肉類的鹽漬·醃泡

↓

加　熱

↓

混　拌

↓

放入模型

↓

充　填

Corned beef（德）
鹽漬牛肉

在日本，鹽漬牛肉Corned beef一般指的是罐頭。但在歐洲，鹽漬牛肉卻是鹽漬的生肉，或將其燙煮過的食品。

在此介紹的是德式的鹽漬牛肉。罐頭的鹽漬牛肉讓人有以脂肪凝固的印象，但是德式的做法則是以肉類本身的膠質凝固而成。

德國的食譜，會再添加20g的豬皮，但在此使用適合日本人的明膠來取代，更清爽可口。肉類中的脂肪並不切除，留下少許可以讓風味更香。請務必一試。

A

牛瘦肉…1000g

B

NPS（或食鹽）…18g

胡椒…3g

維生素C…1g

明膠（粉）…適量

a　　　b　　　c　　　d

牛肉的預備處理・鹽漬

1. 除去牛肉中的大筋脈和脂肪，留下細小的筋脈和脂肪會更美味。

2. 牛肉切成3cm塊狀放入缽盆，加入**B**混拌。

3. 覆蓋保鮮膜，置於冷藏室2～3天鹽漬。

　※ 真空包裝後置於冷藏室2～3天也可以。

e　　　f

g　　　h

加熱烹調

4. 將肉放入鍋中，加滿水（份量外）煮至85℃左右，續煮3小時。肉略有嚼感較為美味。

　※ 真空包裝，也可以直接放入蒸烤箱，以85℃左右約加熱3小時。

Point

加熱時間 **85℃ 3小時**

5. 分開肉和煮汁，量測肉類的重量。使肉的重量回復烹煮前（1000g），不足的以煮汁補足。

6. 用手將肉剁散，也可以用叉子搗碎。剁散的程度依個人喜好即可。

7. 在測量過的煮汁內，依個人喜好的硬度，溶化適量的明膠，加入6.的肉中。
   ※ 在煮的過程中鹹味可能會變淡，因此請確認後再行調整。
   ※ 依肉本身所含的明膠程度，添加的粉狀明膠用量也會隨之改變。幾次經驗後，就能大約瞭解用量了。

8. 迅速地混拌，使明膠液遍及全體。

整理形狀

9. 使用漏斗等充填至人工腸衣中，兩端用線材綁縛固定，或是倒入模型中（右邊照片）。

Jambon persillé（法）
火腿凍

勃艮第地方的傳統料理之一，也會在復活節時享用。以葡萄酒風味的肉凍凝固，與下一個品項勃艮第凍
Persillé de Bourgogne，都稱為「火腿凍 Jambon persillé」。

使用 Aligoté 品種的葡萄酒，也可以使用不甜的白葡萄酒。

添加了紅蔥頭與平葉巴西利香氣的葡萄酒凍與火腿，形成了清新爽口的雙重奏。

火腿凍 *Jambon persillé*

材料（主材料1000g對應的份量）

A

豬前腿瘦肉塊或豬後腿肉
（臀肉或内腿肉）…1000g

鹽漬液（請參照P.133）…1L

B

①｜洋蔥…1/2個
　｜紅蘿蔔…1根
　｜芹菜…1根
　｜百里香…1小匙
②｜月桂葉…2片
　｜丁香…2個

平葉巴西利的莖…3根

水…1.5L

白酒（不甜的）…400g

C

高湯…350g

白酒醋…25g

不甜的白酒（Aligoté品種較佳）…100g

紅蔥頭…75g

平葉巴西利…30g

明膠（粉）…10g

鹽漬肉類

1. 肉塊依照火腿的製作法，鹽漬2天。→請參
　　照P.134

燙煮火腿

2. 在鍋中放入肉塊*1.*（以下稱火腿），①的香
　　味蔬菜切成粗粒狀，和水、葡萄酒一起放
　　入鍋中煮至沸騰。除去浮渣後轉為小火。
　　加入②的香料和平葉巴西利莖，靜靜煮至
　　沸騰狀態（85℃左右）約煮2.5～3小時。
　　※ 量測火腿的中心溫度至70℃以上，但請
　　　注意避免溫度過高。

c

d

e

f

g

h

i

j

3. 火腿仍略硬時即取出，放涼。過濾掉2.高湯中的香味蔬菜，取**C**所需用量的高湯份量放入鍋中。

4. 待火腿放涼後，切成2cm的方塊備用。

預備材料

5. 在高湯鍋中，依序加入白酒醋、不甜的葡萄酒、切碎的紅蔥頭，煮至沸騰後，調整鹹味（用量外），加入明膠煮至溶化。

6. 加入切碎的平葉巴西利，以餘溫使其受熱溶入。

放入模型凝固

7. 在模型中，想像完成時的斷面，邊將火腿填入並倒入6.的凍液，置於冷藏室一晚，冷卻凝固。

Persillé de Bourgogne（法）
勃艮第凍

這也是火腿凍 Jambon Persillé 的一種。

使用帶皮豬腿肉（Eisbein）的食譜配方很多，在此介紹以容易購得的豬腳製作的食譜。用柔軟且燙煮過的豬皮，作為明膠凝固製成，具有濃郁且獨特的風味。

根據食譜不同，也有集中火腿脂肪，與豬皮同樣放入食物料理機內，用芹菜、大蒜、紅蔥頭作為基底，加熱後完成的作法。

材料

A

豬前腿中取得的瘦肉塊（豬腱肉也可）…1000g
豬腳…2隻
鹽漬液（請參照P.133）…1L

B

① 洋蔥…1/2個
　紅蘿蔔…1根
　芹菜…1根
　百里香…1小匙
② 月桂葉…2片
　丁香…2個
平葉巴西利的莖…3根
水…1.5L
不甜的白酒…400g

C

高湯…450g
不甜的白酒…90g
紅蔥頭…150g
大蒜…20g
平葉巴西利…100g
鮮奶油…60g

※ 因豬腳會釋放膠質，所以不需要明膠。

鹽漬豬前腿肉（瘦肉）

1. 肉塊依照火腿的製作法，鹽漬2天。→請
　　參照P.134

燙煮豬前腿肉和豬腳

2. 在鍋中放入肉塊*1.*（以下稱火腿）和豬
　　腳，①的香味蔬菜切成粗粒狀和水、白酒
　　一起放入鍋中煮至沸騰。除去浮渣後轉為
　　小火。加入②的香料和平葉巴西利莖，靜
　　靜煮至沸騰狀態（85℃左右）約煮2.5〜
　　3小時。

　　※ 量測火腿的中心溫度至70℃以上，但請
　　　注意避免溫度過高。

3. 肉類過度燙煮美味會流失，所以仍略硬時就將肉類大片地剝散。直接放置冷卻。

4. 放涼的豬腳除去骨頭，取出高湯備用。

5. 細細地剝除豬皮和豬肉，火腿大片地剝散。除去堅硬的筋膜和骨頭。

預備材料

6. 在單柄鍋中放入奶油（用量外），以小火拌炒材料 **C** 切碎的紅蔥頭和大蒜。待顏色變透明後加入白酒煮至沸騰，倒入豬腳和高湯，煮 2 ～ 3 分鐘。

7. 加入鮮奶油，煮至沸騰後調整鹹味（用量外）。

8. 離火，加入切碎的平葉巴西利，以餘溫使其受熱。

放入模型使其凝固

9. 在缽盆中放入大塊剝散的火腿，倒入 8. 的液體，想像完成時的斷面，邊將火腿層疊地填放至凍派模中，重覆幾次這個作業。

10. 置於冷藏室一晚，冷卻使其凝固。

Fromage de tête（法）
豬頭肉凍

燙煮豬頭，除去骨頭凝固而成。在法國非常受到歡迎，並且有各式各樣的變化搭配組合。美國「Head cheese」、英國「Brawn」、德國「Presskopf」都看得到，據說是歐美常見的料理。

這道食譜中，僅調味豬頭使其凝固，但搭配酸黃瓜條、紅蘿蔔及添加其他蔬菜，不僅看起來美觀又有趣。主要是冷的吃，會佐以酸辣醬 Ravigote sauce 享用，溫製時凍狀會少一些，所以製作時按壓使其凝固較佳。

材料

A

| 豬頭…1個
| 豬舌…3片

NPS（或食鹽）…20g/kg

C（肉類、脂肪、皮、舌等
合計約近4000g的用量）

高湯…1000g
白酒（不甜的）…200g
紅蔥頭…3顆（150g）
大蒜…20g
平葉巴西利…50g
蝦夷蔥（Ciboulette）…1把
香葉芹（Chervil）…1把

B

| 洋蔥…1個
① 紅蘿蔔…1根
| 芹菜…1/2根
| 百里香…1小匙
② 月桂葉…2片
| 丁香…2個
| 胡椒…少許
平葉巴西利的莖…3根
水…適量

D（對應肉類與
材料C的混合總量）

白胡椒…10g
四香粉（Quatre épices）
…5g
肉豆蔻（Nutmeg）
…5g

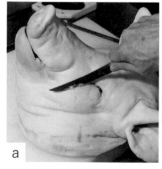
a

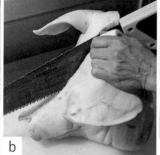
b

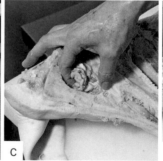
c

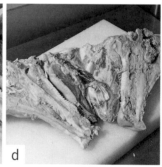
d

肉類的預備處理・鹽漬

1. 豬頭以水沖洗乾淨後，用刀子刮除殘餘的細毛。
用鋸子縱向對切，取出腦髓。除去豬舌根的淋巴。

e

f

2. 豬頭洗淨後量測重量，將20g/kg的NPS
或鹽搓揉在豬頭上。豬舌也量測重量，將
20g/kg的NPS或鹽搓揉在豬舌上。

3. 放入塑膠袋內，置於5℃以下的冷藏室鹽漬
3～5天。

燙煮

4. 鹽漬的豬頭和豬舌以流動的水洗去鹽分。

5. 將4.放入鍋中，放入①的香味蔬菜和水煮至沸騰。除去浮渣後轉為小火。加入②的香料和平葉巴西利莖，保持85℃左右地續煮4～5小時。

　※ 過度高溫時，豬的膠質會因而釋出，所以必須多加注意。

Point

加熱 **85**℃ **4～5**小時

6. 取出豬頭和豬舌冷卻，小心的從頭部取出眼球、骨頭、軟骨、淋巴等。

7. 分成耳、鼻、舌、脂肪、瘦肉、皮等部分，各別將其切成8～10mm的塊狀。脂肪和豬皮切細，豬舌和豬頰肉則切成大塊。在此量測重量，計算出材料C的用量（在此約近4000g）。

預備材料

8. 材料**C**的紅蔥頭和大蒜切碎，用白酒煮出香氣。

加入高湯，若有必要時可補足明膠。

※ 豬頭中也會釋出明膠，請視狀況加入，在此沒有添加。

9. 在缽盆中放入切碎的豬頭和豬舌，倒入**8.**，加入**D**的香料。

10. 離火混入切碎的平葉巴西利、蝦夷蔥、香葉芹，以餘溫使其受熱。

放入模型使其凝固

11. 試味道調整鹹味（用量外），倒入模型中，使其凝固（置於冷藏室一晚）。

整顆豬頭無法用完時…

一整顆豬頭無法用完時，切碎後全體混拌，分成小包地冷凍備用，也可以混入血腸Boudin或凍派Terrine使用。切成粗粒後，按壓至模型中使其凝固，製作成豬肉凍Museau de porc，切成薄片後與油醋醬混拌，就成為很棒的前菜了。

第8章
·······

凍派、肉醬、
凍卷、肉卷

本章從最基本的鄉村凍派Terrine de campagne開始，至添加各種料理元素地增加難度，只要依序進行都能作得出來。再加上確實掌握鹽漬和醃泡的時間，就能完成充滿餘韻口感的成品。

材料基本的結著、乳化要素較少，只要確實掌握溫度地進行作業，就不會太難也不會失敗。

多作幾次之後，就能嘗試運用具特徵的起司、果乾、香草、辛香料或酒類等，製作出個人喜好的成品。

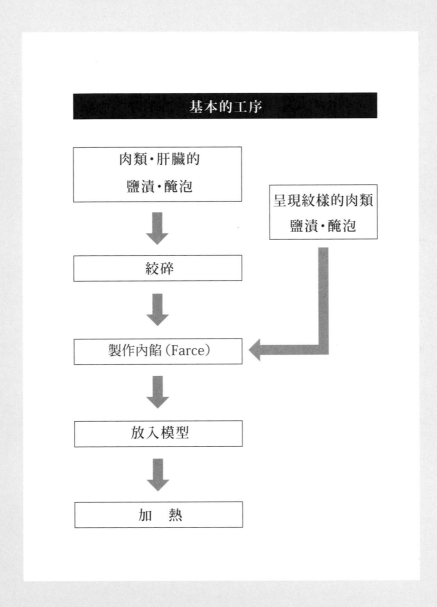

Terrine de campagne（法）
鄉村凍派

是凍派中最具知名度的一款。

法國熟食冷肉的規定，Terrine de campagne是以豬肉和豬肝製作，若是添加別的肉類或肝臟時，則不能稱作Terrine de campagne必須要改變名稱。在此介紹最基本的配方，取部分的肉類和肝臟香煎、燙煮、粗絞、製成泥狀等，可以有各式各樣的變化，但首先請先試作最基本的配方，之後再隨自己喜好，搭配組合變化。

重點在於仔細地處理豬肝，才能製作出沒有雜味的美妙滋味。

※ 在法國，無論是諾曼第風味或布列塔尼風味，都有添加豬皮和豬頭的食譜。

材料

A

豬五花肉 I 或 II …600g

豬肝…300g

B

全蛋…1個

牛奶…50g

葡萄酒（紅）…50g

C（A＋B為1000g的對應份量）

NPS（或食鹽）…13 ～ 18g

維生素C…1g

磷酸鹽…2g

砂糖…3g

白胡椒…2g

四香粉（Quatre épices）…2g

肉豆蔻（Nutmeg）…1g

豬脂、網油、清高湯凍液…各適量

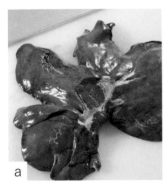
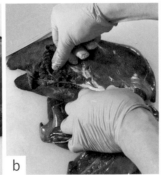
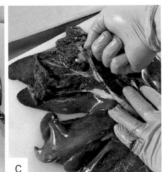

a　　　　b　　　　c　　　　d

豬肝的預備處理

1. 豬肝的內臟（附著於心臟側）朝上，拔除血管。用姆指尖將肝臟分開，由粗至細一根根地將血管仔細地拉除，像是將其從肝臟上刮除般，仔細地清潔豬肝。

e　　　　f

內餡作法

2. 將切成3cm塊狀的五花肉和豬肝放入缽盆中，加入除了磷酸鹽之外的材料C（預先混拌備用），充分混拌。

3. 貼合肉類地覆蓋上保鮮膜，鹽漬·醃泡2天。若能真空更好。

g

h

i

j

k

l

m

n

4. 2天後，以6～8mm或個人喜好的刀刃
絞碎，之後再靜置2～3小時。

5. 在缽盆（或混肉機）中，放入肉類，加入
牛奶混拌。

6. 之後，加入磷酸鹽充分混拌，使其結著。

7. 確認結著後（感覺到肉與肉之間的黏著
時），加入雞蛋充分混拌。

8. 雞蛋混拌完成後，加入紅葡萄酒，之後邊
注意避免過度混拌，邊使葡萄酒滲入絞
肉中。

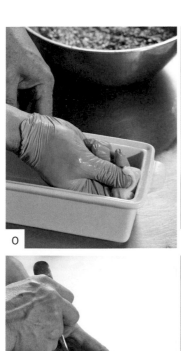

o

p

q

r

s

t

u

完成

9. 在凍派模內側薄薄地刷塗上豬脂,將 *8.* 的凍派材料填入模型中。

10. 於上方覆蓋一層大於表面積的的網油,周圍以叉子將其整合刺入模內。以150～170℃的烤箱烘烤20分鐘,之後將設定溫度降至90～100℃,加熱至中心溫度達75℃。

Point
中心溫度 **75℃**

11. 從烤箱取出,散熱後倒掉滲出的肉汁。

12. 倒入清高湯凍液,保存於2～5℃。

13. 冷卻至凍液凝固後,再次用刷子將凍液刷塗在表面。

14. 在邊緣處擠上奶油作為裝飾也很有特色。

在覆蓋上網油前先擺放1枝百里香。

Terrine de grand-mère（法）
老奶奶凍派

以雞肝和豬肉製作的凍派。

雖然與鄉村凍派 Terrine de campagne 很近似，但因添加了以麵包和牛奶製作的 Panade（就像黏合漢堡肉的材料般），或是以肝臟、蘑菇和紅蔥頭製作的肝醬填餡 Farce à gratin 等，所以相較於鄉村凍派更需要多一些作業，但也因這些工夫，風味更加優雅。

A

豬五花肉Ⅰ…200g
豬五花肉Ⅱ…200g
雞肝…300g
　　共計700g（醃泡後加入B，−100g）

B 肝醬填餡 Farce à gratin

紅蔥頭…50g
蘑菇…100g
平葉巴西利…5g
雞肝（取自上述）…100g
　　共計…255g

C 麵包糊 Panade

吐司麵包的白色部分…65g
牛奶…160g
雞蛋…2個
鮮奶油…65g
　　共計…390g

豬背脂（片狀）、網油、清高湯凍液
　（P.230）、月桂葉、百里香…各適量

D（A＋B＋C為1000g的對應份量）

NPS（或食鹽）…13g
維生素C…1.3g
砂糖…3.5g
四香粉（Quatre épices）…2.5g
白胡椒…2.5g
肉豆蔻（Nutmeg）…1.3g
干邑白蘭地…10g
波特酒…25g

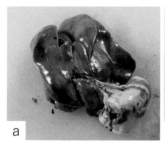
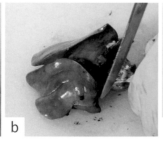
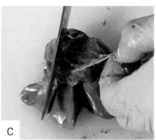

a　b　c　d

雞肝的預備處理

1. 雞肝，若連著膽囊或心臟時，將其切除。用指尖抓住血管，以小刀刮取切除。

e　f　g

內餡的預備作業

2. 在缽盆中放入豬五花肉和完成預備處理的雞肝，加入**D**（預先混拌備用），充分混拌。加入增添香氣的干邑白蘭地和波特酒，充分混拌，待全體融合後，緊貼合肉類地覆蓋上保鮮膜，醃泡一晚。若能真空包裝更好。

製作雞肝餡

3. 翌日，在平底鍋中放入奶油（用量外），避免呈色地香煎切成粗粒的紅蔥頭。顏色變透明後，轉以略強火候並加入蘑菇。待蘑菇炒熟後，取出部分醃泡的雞肝（在此為100g）加入拌炒。

4. 待雞肝全體表面呈色後，用干邑白蘭地（用量外）點火燄燒（Flambé），熄火。

5. 加入切成粗粒的平葉巴西利，立刻離火，攤放在方型淺盤上放涼（完成雞肝餡的製作）。

　※ 為使雞肝中央呈粉紅（半熟）地完成，請注意不要過度加熱。

麵包糊 Panade 作法

6. 吐司麵包適度地撕碎，浸泡在用量的牛奶中。

7. *2.* 的其餘用量、*5.* 的雞肝餡和*6.* 的麵包，全部用6mm的刀刃，絞碎。

8. 在缽盆（或混肉機）中加入雞蛋充分混拌，再加入鮮奶油混拌至完全融合。

完成

9. 在凍派模內側刷塗上豬脂，倒入材料。

10. 於表面上方覆蓋豬背脂，依個人喜好，擺放香草(在此使用的是月桂葉和百里香)，覆蓋上網油，周圍以抹刀將其整合入模內靜置一晚，使味道滲入。

11. 以150～170℃的烤箱烘烤20分鐘，之後將設定溫度降至90～100℃，加熱至中心溫度達75℃。

Point

中心
溫度 **75**℃

12. 從烤箱取出，散熱後丟棄滲出至模型中的肉汁。

13. 倒入清高湯凍液，保存於2～5℃。
14. 冷卻至凍液凝固後，再次用刷子將凍液刷塗在表面。

Terrine de foie-gras（法）
肥肝凍派

將肥肝調味後填裝至模型中，加熱完成。

在法國，將肥肝的原形包覆鵝脂，油封（Confit）或以布巾包捲（Torchon）等，有各式各樣的變化方式。

請以溫度計確實量測中心溫度，作為完成的確認。在法國完成的溫度大多是在48～55℃之間，而肥肝製品的廠商，最推薦的溫度是55～61℃。

搭配帶著微酸的鄉村麵包享用最常見，另外法國長棍麵包，還有添加了核桃或葡萄乾的麵包也很適合。

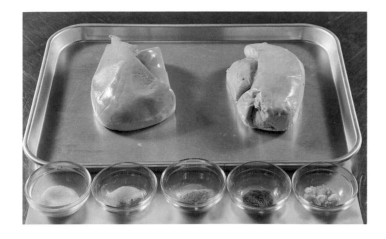

材料（主材料1000g對應的份量）

A

| 肥肝…1000g

B

| NPS（或食鹽）…12g
| 維生素C…1g
| 白胡椒…1g
| 四香粉或香料麵包粉（Quatre épices 或
| Pain d'épices）…1g
| 砂糖…3g

馬德拉酒（Madeira）、干邑白蘭地等
個人喜好的酒…20g

松露（300～400ml容器）…1顆

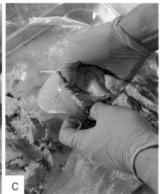
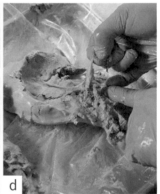

肥肝的預備處理

1. 肥肝的內側（連著心臟的方向）朝上放置，除去血管和膽管。以指尖摸索用指甲抓住管子的兩側劃開，一根根仔細地將粗血管、毛細血管、膽管拉出。

填裝肥肝

2. **B**充分混合備用，塗在*1.*的全體表面。

3. 再澆淋上個人喜好的酒類，置於15～20℃下靜置3～5小時，待風味滲入。

　　※ 請放置在穩定低溫的場所。進出冷藏室，包含後續作業，反而會使溫度變化過大而損及肥肝的風味。

　　※ 也有用真空包裝並直接放入蒸烤箱中加熱的方法。

4. 填裝至有蓋子的凍派模或具高度密封性的容器中，若有松露也請放入。

　※ 也可以將凍派模連同蓋子一起真空包裝。此時則用蒸烤箱來加熱。

5. 放入 60 ～ 75℃ 的蒸烤箱中，蓋上蓋子，加熱至中心溫度達 55 ～ 61℃。

Point

中心溫度 **55~61**℃

6. 取出，墊放冰水冷卻（為停止餘溫加熱）。

　※ 待降溫後，必要時視情況疊放重石，或冷卻凝固也可以。

使用真空包裝的方法

1. 在作業 3. 的階段，真空包裝後進行鹽漬·醃泡，同樣置於 15 ～ 20℃ 之處靜置 3 ～ 5 小時，待風味滲入。

2. 蒸烤箱打開蒸氣模式，在溫度 60 ～ 75℃ 的烤箱中（若可能，則在這個範圍內增高溫度），加熱至中心溫度達 55 ～ 61℃。

3. 連同真空袋一起用冰水冷卻，在肥肝尚未凝固時，先以網篩濾除油脂，填入凍派模中。必要時，可以疊放重石進行冷卻凝固。之後再從表面倒入過濾後的油脂，冷卻凝固以阻絕空氣進入。

關於肥肝凍派完成時的溫度

烘烤完成的確認，在早期的年代，會直接將手指插入確認溫熱度，或以金屬針插入後，碰觸嘴唇以個人感覺來確認等。以現代的衛生管理觀點來看，量測中心溫度的溫度計應該就能確實測量了。

但這個溫度的範圍有點寬，也有視脂肪是否流出、以風味好壞來作為基準的意見。肥肝的鮮度、品質越高，即使加熱至 65℃ 也幾乎不會有脂肪流出。無論怎麼說，溫度與風味和抑製造成食物中毒的細菌有關，所以還是希望大家能逐一確認。

Terrine de poulet（法）
雞肉凍派

日本的餐廳直到前陣子，都還經常製作雞肉慕斯凍派，在此介紹的是簡化後的配方。

雞胸肉細細切碎後鹽漬，取部分以食物料理機攪打成糊狀作為黏結使用。此時，可以加入自己喜歡的食材。例如，夏天添加橄欖、番茄乾，用不甜的葡萄酒提味，能感受到清爽的風味。秋天則是蕈菇類和培根、堅果等，搭配馬德拉酒呈現出紮實的風味。像這樣巧妙地運用，就能隨心所欲地搭配出好的食譜。請多試幾次，讓自己也能樂在其中。

材料

A

| 雞胸肉（去皮）…500g
| 豬五花肉Ⅰ…500g
| 雞蛋…2個
| 牛乳…50g
| 白波特酒或白葡萄酒…50g
|　　　共計…1200g

B（材料A合計1000g的對應份量）

| NPS（或食鹽）…14～16g
| 維生素C…1g
| 磷酸鹽…2g
| 砂糖…3g
| 四香粉（Quatre épices）…1.5g
| 白胡椒…1.5g
| 肉豆蔻（Nutmeg）…1g

橄欖…100g
龍蒿…3g
清高湯凍液…適量

豬背脂（片狀）、打發奶油…適量

肉類的預備處理

1. 雞胸肉和豬五花肉切成1～2cm的塊狀。

2. 磷酸鹽以外的**B**混合備用，加入*1.*充分混合，緊密貼合保鮮膜鹽漬‧醃泡一晚。

凍派內餡作法

3. 翌日，取出*2.*的半量用5mm的刀刃絞
碎，或食物料理機來切碎。

4. 將*3.*放回*2.*的鉢盆中，加入牛奶待其融
合後，加入磷酸鹽充分混拌。再加入雞
蛋，最後澆淋上白葡萄酒。可依個人喜
好，加入橄欖、蕈菇、蔬菜或香草等（在
此是添加橄欖）以製造出變化。

完成

5. 將豬背脂舖放在凍派模中，使其邊緣垂至
外側。填裝內餡，將垂落的豬背脂覆蓋於
表面。不足時，再排放豬背脂於表面。

6. 置於冷藏室一晚，使味道滲入。

7. 翌日，放入180～200℃的烤箱烘烤
30分鐘，之後將設定溫度降至100～
110℃，用蒸氣加熱。確認加熱至中心溫
度達70℃後，取出冷卻。待散熱後疊放
重石進行冷卻（沒有重石也沒關係）。冷
卻後倒掉滲出的肉汁，倒入清高湯凍液，
冷卻。

Point

中心
溫度 **70**℃

8. 清高湯凍液凝固後，再次用刷子將凍液刷
塗在表面，擺放裝飾（用量外）。可依個人
喜好，在周圍裝飾打發奶油（用量外）。

Terrine de lapin（法）
兔肉凍派

整隻兔肉作成凍派。

首先，將兔肉的骨肉分離，能切成大塊的兔肉留作紋樣，邊角肉和豬肉混合，作為凍派的基礎材料。骨頭和筋膜熬成高湯（原汁Jus），加入製作使凍派呈現完全的兔肉風味。

凍派的基本材料（內餡Farce），可以用攪拌機粗絞，部分呈現細糜狀（Farce fine）如此就能使口感產生變化，享受食用的樂趣了。

材料（主材料B2500g對應的份量）

A ＜紋樣用肉＞

兔肉里脊、腿肉、腰內肉
　…700g
豬瘦肉Ⅰ…700g
水…100
　　　共計…1500g

B ＜內餡＞

兔肉邊角肉…800g
豬五花肉Ⅰ…800g
豬五花肉Ⅱ…800g
兔肝（或雞肝）…100g
　　　共計…2500g

C

NPS（或食鹽）…22g
維生素C…2.2g
磷酸鹽…4.5g
四香粉（Quatre épices）…3g

豬背脂（片狀）…適量
香草（百里香、月桂葉、
　迷迭香等）…適量

兔骨、碎肉、筋膜等…適量
洋蔥、紅蘿蔔、芹菜…各適量

D

NPS（或食鹽）…46～54g
磷酸鹽6.6g
白胡椒7.2g
四香粉（Quatre épices）…3.6g
肉豆蔻（Nutmeg）…1.8g

全蛋…5個
不甜的白葡萄酒…250g
牛奶＋兔高湯…250g
紅蔥頭…50g
大蒜…20g
平葉巴西利…10g

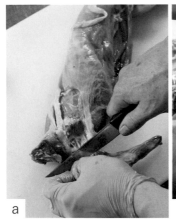

預備兔肉

1. 切下兔肉的頭部、四肢，取出內臟。依序將前肢、
　後肢、胸肉等骨肉分離。1隻兔肉去骨後取出的肉約
　1.5kg。雖然將肉類各別分成**A**和**B**，當**A**不足時，可用
　豬瘦肉Ⅰ來補足。同樣，**B**不足時，可用豬五花Ⅰ或Ⅱ
　來補足。

2. **A**的兔里脊、腿肉、腰內肉等大片肉塊和豬瘦肉切成1cm的方塊，加水充分揉和。

3. 加入**C**混拌，用保鮮膜緊密貼合鹽漬·醃泡（h）一晚。若可以用真空包裝更好。

製作兔高湯

4. 將兔肉的骨頭和碎肉、筋膜等放入單柄鍋，避免燒焦地香煎至呈色為止。移至大鍋，放入切成2～3cm塊狀的洋蔥、紅蘿蔔、芹菜等，倒入水分，熬煮2～3小時，製作出高湯。

5. 用濾網和廚房紙巾過濾，再次將過濾後的高湯倒回鍋中，熬煮濃縮至100ml。

6. 在熬煮過的高湯中加入切碎的紅蔥頭和大蒜，略煮至沸騰。加入平葉巴西利熄火，利用餘溫使其受熱。

7. 在6.中添加牛奶至預定用量，充分冷卻。若要依個人喜好添加香草，可在這個時間點加入。

凍派內餡作法

8. 混合B的邊角肉800g和豬五花、兔肝（不足時以雞肝補足），各別切成適當大小。磷酸鹽以外的D先混合備用，混拌至全體均勻。

9. 用保鮮膜貼合鹽漬·醃泡一晚。若可以用真空包裝更好。

10. 翌日，用裝配6mm刀刃的絞肉機絞碎 *9.*，再放置冷卻2～3小時。

11. 將 *7.* 添加了牛奶的高湯加入，並加入磷酸鹽使全體融合。

12. 確認材料的結著狀態後，加入雞蛋混拌。添加白葡萄酒，加入 *3.* 的紋樣肉混拌。

完成

13. 將豬背脂舖放在凍派模中，兩側的邊緣垂至模型外。

14. 填裝內餡，將垂落的豬背脂翻起覆蓋於表面。不足時，再排放豬背脂覆蓋於表面。

15. 在表面裝飾香草（在此使用百里香），放入冷藏室，使味道滲入。

16. 翌日，放入180～200℃的旋風烤箱烘烤30分鐘，之後將設定溫度降至100～110℃，加熱。確認加熱至中心溫度達70℃後，取出冷卻。

Point

中心溫度 **70℃**

17. 降溫後倒掉滲出的肉汁，疊放重石進行冷卻。

18. 倒入清高湯凍液。

19. 至清高湯凍液凝固後，再次用刷子將凍液刷塗在表面，擺放裝飾（用量外。在此也可撒放百里香、黑胡椒、粉紅胡椒）。

Galantine de porc（法）
豬肉凍卷

這款凍卷 Galantine 與下個項目—肉卷 Ballotine，與凍派 Terrine 和肉醬 Pâté 的區別一樣曖昧。依書本或對象不同，回答也各不相同。經過各種調查後，可以簡單地區分為：所謂凍卷 Galantine，指的是由白肉（豬、雞、兔、魚、小牛等）製作，以冷製方式提供。在此是以細絞的肉餡 Frace fine，以豬背脂薄片將其包捲完成。依店家不同，也有填入模型製作的種類（例：右側照片），因此定義為凍卷 Galantine。

豬肉凍卷 *Galantine de porc*

材料
（完成時尺寸直徑9cm x長30cm　約1900g）

A ＜紋樣用肉＞
| 豬瘦肉 I 或 II …500g

B
NPS（或食鹽）…7g
維生素C…0.5g
磷酸鹽…1.5g
四香粉（Quatre épices）…1g
白胡椒…1g
開心果…50g

C ＜內餡＞
| 豬五花肉 I …1000g

D
NPS（或食鹽）…2g
維生素C…1.4g
四香粉（Quatre épices）
　…2g
白胡椒…2g
砂糖…4g
波特酒…50g
磷酸鹽…3g

＜醃泡用蔬菜＞
紅蘿蔔…1根
洋蔥…1/2個
平葉巴西利的莖…適量
月桂葉…1片

E
肝醬填餡Farce à gratin
　（P.229）…100g
鮮奶油…200g
雞蛋…100g（2個）

豬背脂（片狀）…適量
高湯…適量

a-1　a-2　a-3　a-4

預備紋樣肉

1. 將**A**的豬瘦肉切成1cm的塊狀，加入**B**充分混拌。
2. 用保鮮膜緊密貼合肉類，置於冷藏室鹽漬・醃泡一晚。若可以用真空包裝更好。
　※ 照片a-4是次日（保色後）的材料外觀。

內餡作法

3. 切成3cm材料**C**的豬五花肉，加入**D**充分
混拌。接著加入波特酒，充分混拌。

4. 醃泡用蔬菜切成較大的塊狀，埋入3.的肉
塊間，一起真空包裝，鹽漬·醃泡一晚。

5. 翌日，由袋中取出除去蔬菜後，用3～
5mm的刀刃絞碎肉塊。

6. 事前先將食物料理機的鋼盆和刀刃冷卻
備用，將5.的絞肉進行切拌法Cutter
curing，轉動10秒後添加磷酸鹽，轉動至
全體呈滑順狀為止。一度暫停，加入**E**的
肝醬填餡Farce à gratin和雞蛋，再次轉動
機器進行切拌。
  ※ 在食物料理機暫停的時間點，請乾淨
     地刮落鋼盆邊緣和內側的材料，整合
     成團。

7. 轉動切拌約達10℃時，分2次添加鮮奶油，全體材料均勻後，取出放至缽盆中。

8. 在另外的缽盆中放入2.的紋樣肉和50g開心果，7.的材料先少量加入，使其確實均勻混拌。再加入少量7.的材料，使其融合，如此重覆地使紋樣肉確實均勻地混拌至材料中（m～q）（完成細絞的肉餡Frace fine）。

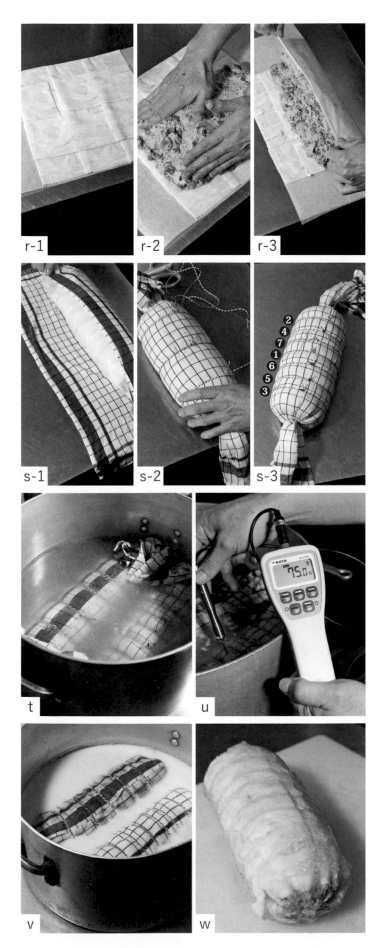

整形、完成

9. 裁切30cm×50cm的烤盤紙，在紙上擺放豬背脂片，使其成為正方形地雙層疊放。

10. 長邊橫向放置，在靠近自己身體的前方約留4～5cm、外側約留10cm，將 *8.* 細絞的肉餡Frace fine均勻攤平在豬背脂片上（完成時為直徑9cm、長30cm時，內容重量為1900g）。

11. 由身體方向開始連同烤盤紙一同捲起。

12. 再以濕布巾包覆般地包捲住全體，兩端以線材綁縛。接著綁縛中間，如下列照片般地依序使內容物均等受力地進行綁縛。

13. 在大鍋中將高湯加熱至85℃，放入 *12.*，保持80℃加熱至中心溫度達75℃。

Point
中心溫度 **75℃**

14. 直接在高湯中放涼，取出打開布巾。
　※ *8.* 之後也有些食譜是放入模型中製作。

Ballotine de canard (法)
鴨肉卷

所謂肉卷 Ballotine，是將一隻雞或鴨剔骨帶皮地片開成一片，填裝內餡後烘烤或燙煮所完成的製品。相對於一般以冷食供餐的凍卷 Galantine，肉卷 Ballotine 主要是以溫食，偶而也會以冷食供餐。這道不只是大家所熟知，傳統的經典菜餚，也是競賽時的一項課題，需要實力的一道料理。

材料 （1隻鴨所完成的用量）

A
| 鴨（帶骨）…1隻

B（鴨肉1000g對應的份量）
| NPS（或食鹽）…18g
| 胡椒…2g
| 肉豆蔻（Nutmeg）…1g

C（內餡1000g對應的份量）
| NPS（或食鹽）…18g
| 四香粉（Quatre épices）…1.8g
| 胡椒…1.8g
| 砂糖…3.6g
| 維生素C…1.2g
馬德拉酒（Madeira）…30g

乾燥蕈菇…30g
乾燥番茄…20g
肥肝（已調理完畢）直徑2cm×30cm…1個
高湯…適量

＜內餡＞
| 鴨腿肉…300g
| 豬五花肉…500g
| 肝醬填餡Farce à gratin（請參照P.229）…200g
| 雞蛋…100g（2個）
| 鮮奶油…50g
| 鴨原汁*…50g
| *鴨骨、碎肉與蔬菜製作的高湯熬煮而成（請參照P.224）
| 共計…1200g

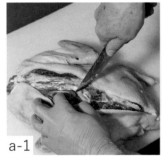
a-1

a-2

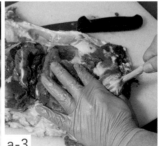
a-3

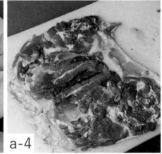
a-4

鴨 的 預 備 處 理

1. 切除鴨頭，從第一個關節切除鴨翅和鴨腳，注意避免破壞鴨皮地進行開背作業。切下翅膀中段後，由內側彷彿製作鬱金香般地翻起拉出鴨小腿骨。刀刃沿著腳骨劃入，切開鴨肉。不要切開鴨皮地用手拔出骨頭，脂肪留下但筋膜和淋巴都要刮除切去。測量留下的鴨肉重量，預備**B**的調味料。

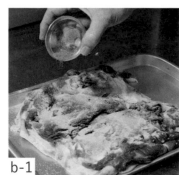
b-1

b-2

2. 將**B**撒在全體，裝入真空包裝，置於冷藏室鹽漬·醃泡一晚（可能的話二晚）。

c-1　c-2　c-3

d　e

f　g　h

i　j　k

內餡作法

3. 乾燥蕈菇浸泡在水中一晚，還原備用。

4. 翌日用網篩瀝乾水分，熬煮浸泡蕈菇的水，蕈菇用水再次清洗並除去髒污後切成粗粒。

5. 在鍋中融化奶油（用量外），放入切碎的大蒜（若有，用量外）和紅蔥頭（若有，用量外），略微拌炒後，加入4.的蕈菇香煎，至水分蒸發。

6. 加入熬煮後浸泡蕈菇的湯汁，再次加熱至水分揮發。

7. 加入乾燥番茄，撒上鹽、胡椒（用量外）。

8. 在切成3cm的內餡用鴨腿肉和豬五花中，加入C混拌，最後加入馬德拉酒。緊密貼合食材地覆蓋上保鮮膜，鹽漬·醃泡一晚，若有則使用真空包裝。

9. 翌日，用6～8mm的刀刃絞碎肉塊，加入肝醬填餡Farce à gratin、雞蛋、鮮奶油和鴨原汁，製作內餡。

l m n

10. 取出 *9.* 的半量，用食物料理機攪打成細絞狀態後，放回內餡當中。

11. 將冷卻的 *7.* 加入 *10.* 的內餡中，攪拌均勻（內餡完成）。

整形、完成

12. 用烤盤紙包覆肥肝，使其成為直徑2cm、長30cm的圓柱狀。

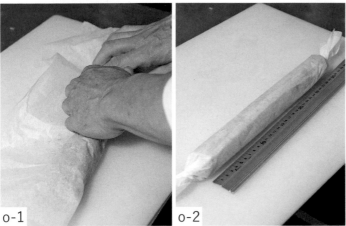

o-1 o-2

13. 攤開30cm×50cm的烤盤紙，在紙上將皮朝下攤開擺放鹽漬一晚*2.* 的帶皮鴨肉。鴨肉較厚處以刀子削平，以薄處為基準地修整全體厚度。

14. 長邊橫向放置，在鴨肉上攤放內餡，中央處預留肥肝放置的位置，使其略呈凹槽狀。

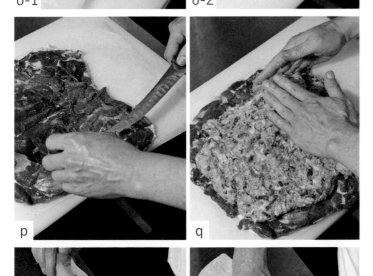

p q

15. 將肥肝置於中央處，連同烤盤紙一同捲起。

r s

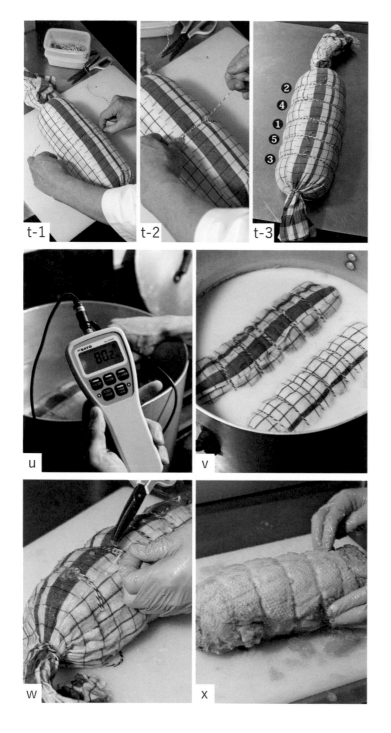

16. 再以濕布巾包覆般地包捲住全體，兩端以線材綁縛。接著綁縛中間，如下列照片般地依序使內容物均等受力地進行綁縛。

17. 在大鍋中將高湯加熱至85℃，放入 *16.*，保持80℃加熱至中心溫度達75℃。

Point

中心溫度 **75**℃

18. 直接在高湯中放涼，取出打開布巾。

用烤箱完成

也有用烤箱完成的方法。此時將線材綁縛在烤盤紙上（不需布巾），以160～200℃慢慢烘烤至中心溫度達75℃為止。

鵝頸包 Cou d'oie farci

Cou，在法文是頸部的意思。

在盛產肥肝和松露的佩里戈爾地區，在取出肥肝後的鵝頸內充填傳統的熟食冷肉，就是 Cou d'oie farci（鵝頸包）。

在此用的是鴨頸，所以正確而言應該是鴨頸包 Cou de canard farci。 像這樣頸部沒有任何孔洞或傷痕，可以直接將其作為腸衣，充填內餡或肉腸 Saucisse，製作出相同的製品。 水煮或是烘烤，作為主菜或前菜都非常美觀又美味。 開口部位大部分不像肉腸般以線材綁縛，而是縫合居多。 針可以在手工藝品店買到代用品。

Pâté en croûte（法）
酥皮肉醬

將Pâté en croûte直接翻譯，就是「被派餅包裹的肉醬Pâté」。完全密閉、或由開孔處流入凍液密封等，各式各樣的變化，是現今非常受到歡迎的話題料理。

在此流入的凍液，作為肉醬Pâté醬汁的作用，因此使用了在法國稱之為基本高湯（Fond）或稍濃的高湯（Bouillon），清澄後的清高湯（本書使用清高湯凍液）美味地完成。當中的肉醬Pâté可以僅用肉餡Frace，也經常會使用細絞的肉餡Frace fine，或是添加10～20%的肝醬填餡Farce à gratin就能更添濃郁風味。

材料（主材料1000g對應的份量）

※ 照片的模型（6×7.5×30cm）1個

A

豬五花肉 I 或 II ···400g

雞胸肉···400g

雞肝···100g

雞蛋···100g（2個）

共計···1000g

B

NPS（或食鹽）···14 ～ 17g

維生素C···1g

四香粉（Quatre épices）···1.5g

白胡椒···1.5g

砂糖···2g

馬德拉酒（Madeira）···20g

開心果···30g

肥肝凍派Terrine de foie-gras的邊角···100g

酥脆塔皮麵團（請參照P.228）···800g

清高湯凍液···適量

蛋黃液（蛋黃中加入適量的水混拌而成）···適量

內餡的事前預備

1. 切成3cm塊狀的豬五花肉和雞胸肉，連同除去大血管和膽管的雞肝，一起放入缽盆中，**B**混拌後澆淋在缽盆中，再加入馬德拉酒混拌。

2. 真空包裝後，鹽漬·醃泡一晚。

肉腸內餡作法

3. 翌日，用8 ～ 13mm的刀刃絞碎醃泡過的肉類，揉和至結著為止。確認結著後，分2次加入雞蛋。

4. 加入切成塊狀後充分冷卻的肥肝和開心果，並均勻混拌。

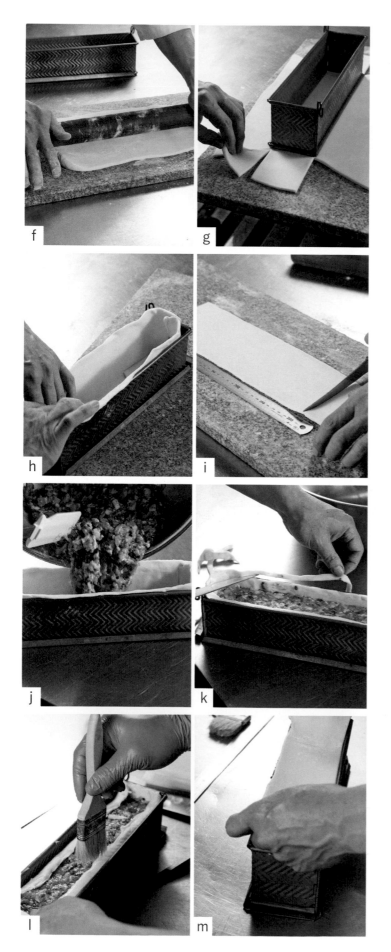

準備酥脆塔皮麵團

5. 將酥脆塔皮麵團切分成600g和200g。600g
的麵團擀壓成30×50cm，3～4mm厚。

6. 擀壓後的麵團放上模型，切除重疊的部分。

7. 將麵團填入模型內，不要留下間隙地貼緊
底部和側面。

8. 200g的酥脆塔皮麵團要覆蓋在表面，所以
要比模型表面再大約3mm的程度，略薄地
擀壓，切除多餘的部分。

完 成

9. 在貼滿了麵團的模型中，將*4.*的材料填入，
邊緣約留1.5～2cm的距離，平整表面。

10. 多餘的酥脆塔皮麵團，約在邊緣留下1cm
的長度，切掉多餘的麵團。

11. 將酥脆塔皮麵團邊緣的1cm向內折入，以
毛刷刷塗水分。上方再覆蓋上*8.*的麵團，
使麵團緊密貼合。

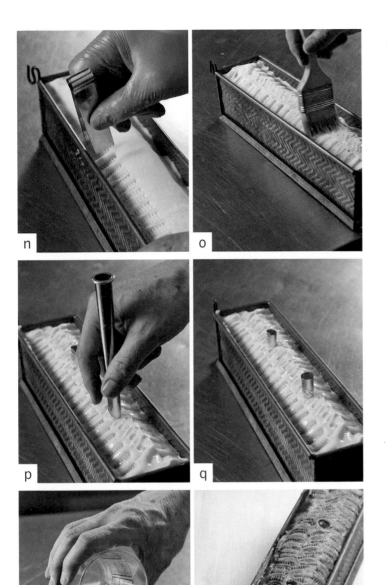

12. 用派餅夾，將表面覆蓋麵團與底下的麵團同時夾起貼合。

13. 在表面刷塗蛋黃液。

14. 在表面的麵團上按出直徑1～1.5cm的孔洞，裝上鋁箔紙捲起製成的排氣筒，靜置於冷藏室1小時。

15. 用180℃的烤箱烘烤至中心溫度達70℃後取出（因餘熱還會再上升至75℃）。

Point
中心溫度 **70**℃

16. 靜置10分鐘後，倒入100g加溫至80℃的清高湯凍液。待降溫後置於冷藏室冷卻凝固。

17. 翌日，再次將加溫至80℃的清高湯凍液倒滿派餅中，請確認冷卻凝固後再進行脫模分切。

清高湯凍液的溫度與時間點

將凍液倒入凍派或酥皮肉醬Pâté en croûte內，雖然要先加熱，但也不能過度加熱。溫熱達沸騰時，明膠成分的膠原蛋白會因此受損，導致凝固力變弱。

一般而言，大約70℃左右沒問題，我個人則是會加溫至80℃。因為也可以在某個程度上因應O157型大腸桿菌或諾羅病毒。此外，凍液倒入酥皮肉醬Pâté en croûte的時間點，其實也因人而異。烘烤完成並且尚未放涼時倒入，或是也有放涼靜置一晚後才倒入。

本書是在出爐後10～20分鐘倒入，這是因為這樣的溫度，可以使其與烘烤完成肉餡的湯汁混合，讓凍液更具風味。

再者，此時酥皮肉醬當中凝固的內餡是稍稍浮起的狀態，希望流至底部的凍液可以防止派餅底部的潮濕。

L'oreiller de la Belle Aurore（法）
歐若拉酥皮肉醬

與酥皮肉醬Pâté en croûte同類型，但不使用模型的成品，這樣歐若拉
（Aurore）風格的酥皮肉醬Pâté en croûte就是其中之一。複數的野味或小牛
胸腺包裹著松露，呈現奢華豐富的風味，有著優雅高格調的肉醬Pâté，也
被稱為是熟食冷肉的象徵。名稱的由來，也是飲食愛好者們熟知，布里亞
薩瓦蘭（Brillat-Savrin）的母親－Claudine-Aurore Récamier的名字而來。
因為要做出較大的尺寸，所以內餡要正確地組合構成，才能用酥脆塔皮麵
團包覆起來，請確實用溫度計量測出加熱溫度和中心溫度。

a-1　　　a-2　　　a-3

材料

A

| 小牛瘦肉500g（紋樣肉…250g、內餡…250g）

| 山鷸鶉…3隻 ┐胸肉…紋樣用肉
| 雞…1隻 ├肝臟…肝醬填餡用
| ├筋、骨等…高湯用
| 綠頭鴨…1隻 ┘其餘全部…內餡用

| 鹽漬豬瘦肉…300g

| 生火腿…500g

| 小牛胸腺肉…300g

| 豬五花肉Ⅰ或Ⅱ…500g

| 肥肝…200g

＜醃泡用＞

| 洋蔥（薄片）…3個

| 百里香（小枝）…1枝

| 鹽、胡椒…各適量

| 白酒醋…600ml

| 橄欖油…1大匙

＜內餡用＞（內餡用肉1000g對應的份量）

| NPS（或食鹽）…14～17g

| 維生素C…1g

| 四香粉（Quatre épices）…1.5g

| 白胡椒…1.5g

| 砂糖…2g

| 馬德拉酒（Madeira）…2g

＜肝醬填餡Farce à gratin用＞

| 新鮮麵包粉…60g

| 蘑菇…125g

| 紅蔥頭…125g

| （若有）平葉巴西利…適量

＜高湯用＞

| 洋蔥、紅蘿蔔、芹菜莖…各適量

| 香草…適量

＜圖案＞

| 開心果…125g

| 松露…125g

酥脆塔皮麵團（P.228）…適量

清高湯凍液（P.230）…適量

蛋黃液…適量

第1天

紋樣肉的事前預備

1. 細切半量的小牛瘦肉，其餘半量用作內餡。

2. 細切山鷸鶉、雞、鴨的胸肉。肝臟是作為肝醬填餡 Farce à gratin 用，其餘的肉類或皮等可食部分，都分作內餡使用。筋膜和骨頭作為高湯用。

3. *1.* 和*2.* 當中細切的小牛瘦肉、山鷸鶉、雞、鴨的胸肉上撒放鹽、胡椒，材料混合後，醃泡一晚。

4. 小牛胸腺肉略為燙煮後以水沖洗，除去薄膜後，放置重石一晚。

內餡的預備作業

5. 豬五花肉切成3cm的塊狀,肥肝切成適當的大小。

6. 量測*1.*、*2.*內餡用小牛瘦肉的半量、山鷸鶉、雞、鴨胸肉以外的可食部分(含皮)、*5.*的豬五花肉和肥肝的全部總量,以計算<內餡用調味料>。

7. 混合除了馬德拉酒之外的所有內餡用調味料,加入*6.*充分混拌。之後加入馬德拉酒,混拌全體後鹽漬‧醃泡一晚。

第2天

從高湯開始製作原汁

8. 高湯用的筋膜和骨頭等,香煎呈色後,加入足以淹沒食材的水分,熬煮。撈除浮渣後加入香煎的洋蔥、紅蘿蔔、芹菜莖,製作出高湯,加入香草後熬煮成原汁。

製作肝醬填餡Farce à gratin

9. 山鷸鶉、雞、鴨的肝臟和麵包粉、蘑菇、紅蔥頭一起製作肝醬填餡Farce à gratin(請參照製作方法P.229)。

10. 在絞肉機裝上5mm的刀刃,絞肉。

製作內餡

11. 7. 的肉類以5mm的絞肉機絞碎。

12. 與*10.*的肝醬填餡Farce à gratin充分混合，之後取半量以食物料理機攪打成糊狀，再倒回。如此，內餡中就結合了粗絞的部分和細絞的部分，製作出結著力強、不易崩塌的內餡。

13. 細絞的材料與粗絞材料充分混合，加入 *8.* 熬煮的原汁（Jus），再繼續混拌。

準備紋樣肉

14. 將 *4.* 的胸腺肉切成薄片。
15. 鹽漬豬瘦肉和生火腿切成細條狀。

r-1

r-2

r-3

r-4

r-5

r-6

r-7

r-8

組合酥皮肉醬

16. 將擀壓好的酥脆塔皮麵團放置在烤盤上，製作出 *13.* 的內餡能攤開平放底座的大小。

17. 想像成品的切面，依次排放上 *14.* 切成薄片胸腺肉、*15.* 切成細條狀的鹽漬豬瘦肉和生火腿，以及醃漬備用的 *3.*，層疊排放。

    ※ 層疊火腿和肉類時，各別撒放 *13.* 的內餡，就不容易產生間隙。並且在層疊的過程中，撒放開心果和松露，不但能增加口感和色澤，更能增添香氣。

18. 依自己的想像，將紋樣肉層疊而上，由上方再擺放上內餡整合形狀。這樣的作業不斷地持續重覆。

19. 最後擺放上剩餘的內餡，由上方平整表面。

20. 從上方覆蓋酥脆塔皮麵團，避免中間產生間隙地確實按壓。

21. 周圍如帽沿般地使其貼合緊閉，用手指抓起再扭轉地向內對折，就會製作出波浪的形狀，以手指確實按壓。

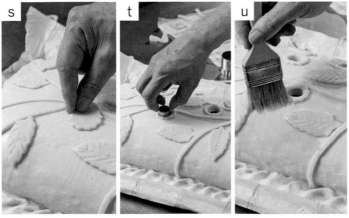

22. 其餘的酥脆塔皮麵團擀壓成3～5mm的厚度，切成線條狀、或用壓模按壓出圖案，用水使其黏貼在*20.*的表面。在幾處按壓出排氣用的孔洞。

23. 在表面刷塗用水稀釋的蛋黃液。

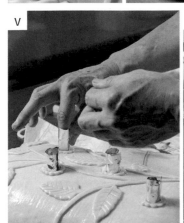

24. 在孔洞中插放鋁箔紙捲起製成的圓形排氣筒。

25. 用180℃的烤箱烘烤至中心溫度達70℃。

Point
中心
溫度 **70**℃

26. 烘烤完成後靜置20分鐘，從排氣筒將加溫至80℃的清高湯凍液倒入。待降溫後置於冷藏室冷卻，放置一晚使其凝固。

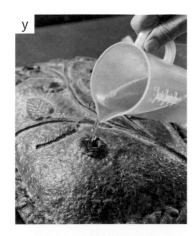

第3天

27. 翌日，再次倒入加溫至80℃的清高湯凍液，請確認冷卻凝固後再進行分切。

酥脆塔皮麵團 *pâte brisée* 的製作方法

材料 （方便製作的份量）

低筋麵粉…375g
高筋麵粉…250g
鹽…13g
砂糖…8g
奶油…225g
雞蛋…1個
水…200g

1. 混合過篩的低筋麵粉和高筋麵粉，置於冷藏室冷卻備用。

2. 將低筋麵粉和高筋麵粉、鹽、砂糖一起放入食物理機內輕輕轉動。

3. 加入切成1cm塊狀的冷奶油，攪打成鬆散狀態。
   ※請注意避免奶油會因摩擦的熱度而融化。

4. 加入打散並與水分混合過的雞蛋，輕輕攪拌。

5. 待開始變成團時，停止（d），取出放在較大的缽盆中。

6. 輕輕揉和，於冷藏室內稍加靜置（1小時以上）。

7. 因應所需擀成必要的厚度使用。

肝醬填餡 *farce à gratin* 的製作方法

材料 （方便製作的份量）

紅蔥頭…100g
蘑菇…200g
培根…200g
雞肝（極少的肝臟即可）…300g
巴西利（若有則用平葉巴西利）…25g
鴨脂…適量

1. 以鴨脂用小火拌炒切碎的紅蔥頭。
2. 拌炒至紅蔥頭變成透明後，轉為大火加入切成薄片的蘑菇，拌炒至水分揮發。

3. 放入切成5mm短條狀的培根拌炒。
4. 加入剔除血管和膽管的雞肝，為使肝臟中央能呈現漂亮粉紅色的半熟狀，要注意避免過度拌炒。

5. 完成時添加平葉巴西利。
6. 熄火，利用餘溫使其受熱後，移至缽盆中冷卻。

7. 用絞肉機或食物料理機絞碎成個人喜好的質地。

肝醬填餡farce à gratin可以冷凍保存，因此可以一次製作大量常備使用會非常方便。可以添加10～20%在肉餡Frace或細絞的肉餡Frace fine中，增添濃郁風味。

清高湯凍液的製作方法

材料　（方便製作的份量）

＜高湯用＞
洋蔥…1/2個
紅蘿蔔…1/2根
芹菜莖…1根
平葉巴西利的莖…3根
豬腱肉…500g

A
　月桂葉（Bay leave）…1片
　丁香（Clove）…3個
　百里香（乾燥）…少許
　黑胡椒（顆粒）…少許

水…3L

＜清高湯用＞
洋蔥…1/2個
紅蘿蔔…1/2根
芹菜莖…1根
平葉巴西利的莖…3根
蛋白…2～3個
豬腱肉（絞肉的前端）…150g

B
　月桂葉 1片
　百里香（乾燥）…少許
　黑胡椒（顆粒）…少許
　高湯…2L

a　　　b　　　c

首先，製作高湯

1. 在鍋中放入略切過的蔬菜、豬腱肉、水加熱。
2. 沸騰後撈除浮渣，放入 A 的辛香料。
3. 以小火煮約 5 小時。
4. 用網篩過濾。

高湯的完成

※若是要直接作為高湯使用，
　則要再次以布巾過濾。

完成清高湯

5. 用手揉和蛋白與絞肉，與切成薄片的蔬菜充分混拌。與4.的高湯混合。

6. 加熱，持續混拌至溫度達70℃為止（固態物體浮起為止）。

7. 停止混拌，繼續加熱使其沸騰。沸騰後加入**B**的辛香料。

8. 繼續用小火煮約3～5小時。

9. 用布巾過濾。

清高湯的完成

10. 直接放涼就會成為清高湯凍液地凝固。在此確認硬度，若仍太稀軟，則可補足明膠。也可以在這個時間點加入自己喜歡的酒類。

在熟食冷肉中，經常作為煮汁用的有「高湯Bouillon」、「清高湯Consommé」或「原汁Jus」。這些本來是熬煮豬皮、豬骨、蔬菜、辛香料所製成，但本書中不使用難購得的豬皮，而使用修整肉品時切下的筋膜、碎肉來製作高湯。
並且，使用蛋白和碎肉使高湯澄清。若覺得味道過於清淡時，可以事前熬煮高湯，或是在熬煮筋膜和碎肉時，添加雞骨架，就能成為美味的清高湯了。
若能購得豬皮，則請務必試試下述的配方。

材料（方便製作的份量）

豬皮…4kg
水…6kg
食鹽…80g
洋蔥…1個
紅蘿蔔…1根
百里香、月桂葉、丁香、
　粒狀胡椒…各適量

本書中所標示的重點溫度

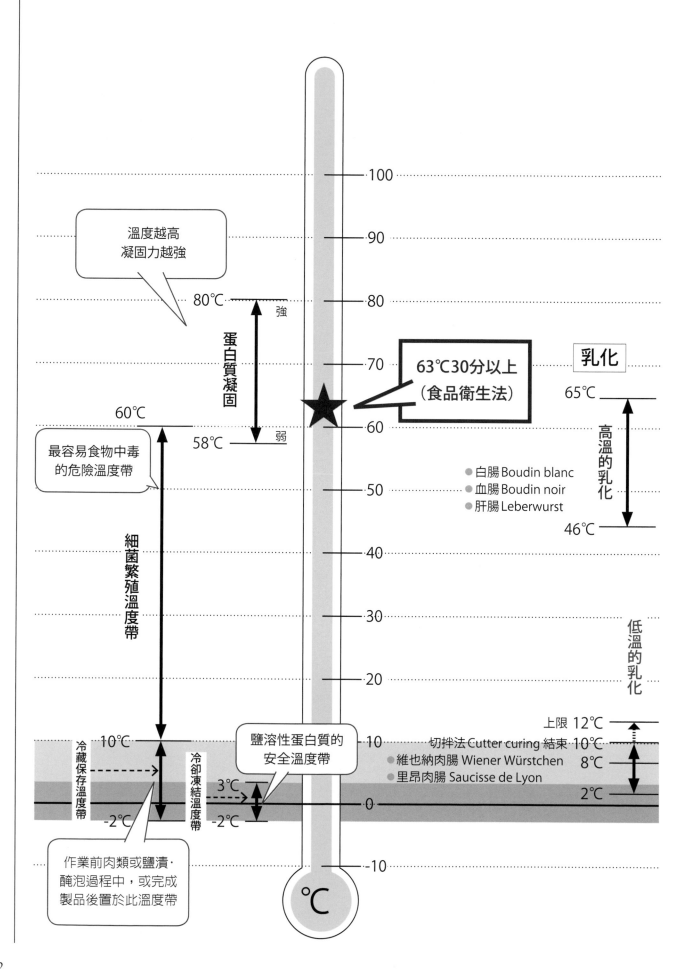

溫度越高
凝固力越強

80℃ — 強

蛋白質凝固

63℃30分以上
（食品衛生法）

乳化

65℃

60℃

58℃ — 弱

最容易食物中毒
的危險溫度帶

●白腸 Boudin blanc
●血腸 Boudin noir
●肝腸 Leberwurst

高溫的乳化

46℃

細菌繁殖溫度帶

低溫的乳化

10℃

鹽溶性蛋白質的
安全溫度帶

上限 12℃

切拌法 Cutter curing 結束 10℃

冷藏保存溫度帶

●維也納肉腸 Wiener Würstchen 8℃
●里昂肉腸 Saucisse de Lyon

3℃

冷卻凍結溫度帶

2℃

-2℃

-2℃

作業前肉類或鹽漬・
醃泡過程中，或完成
製品後置於此溫度帶

℃

100
90
80
70
60
50
40
30
20
10
0
-10

肉腸 Saucisse

產品	加工溫度（由高至低）
里昂肉腸 Cervelas Lyonnais（里昂風味的里昂肉腸）	75℃熱水 ★ 70℃
蒙貝利亞肉腸 Saucisse de Montbéliard	85℃~75℃加熱 ★ 70℃；70℃~55℃煙燻；低溫乳化；10℃；8℃；4℃
維也納肉腸 Wiener Würstchen	85℃~75℃加熱 ★ 70℃；70℃~55℃煙燻；低溫乳化；8℃
粗絞 Wiener一（博克肉腸 Bockwurst）	85℃~75℃加熱 ★ 70℃；70℃~55℃煙燻
粗絞 Wiener＝（克拉庫爾肉腸 Krakauer）	85℃~75℃加熱 ★ 70℃；70℃~55℃煙燻
巴伐利亞白腸 Weißwurst	85℃~80℃熱水 ★ 70℃；15℃
白腸 Boudin blanc	85℃~80℃熱水 ★ 70℃；60℃牛奶；45℃的肉餡完成；高溫乳化；10℃
血腸 Boudin noir	燙煮豬脂 90℃~85℃；85℃~80℃熱水 ★ 70℃；50℃以下的肉餡完成；高溫乳化
腸肚包 Andouillette de compagne	85℃的高湯（3＋1小時）
套腸 Andouillette à la ficelle	90℃的高湯（4小時）
里昂肉腸 Saucisse de Lyon（Saucisse de Jambon）	蒸烤箱85℃或 78~75℃的熱水 ★ 70℃；低溫乳化；10℃；8℃；2℃
熟風乾肉腸 Koch salami	70℃ ★；8℃

冷藏保存溫度帶：2℃

（℃）100　90　80　70　60　50　40　30　20　10℃　8℃　4℃　2℃　0　-2℃　-10（℃）

★…完成時確認製品的中心溫度

233

温度越高
凝固力越強

80℃　　　　　強

蛋白質凝固

63℃30分以上
（食品衛生法）

60℃　　　　　　　　　　　　　　　　★

58℃　　　　　弱

最容易食物中毒
的危險溫度帶

細菌繁殖溫度帶

100

90

80

70

60

50

40

30

20

鹽溶性蛋白質的
安全溫度帶

10℃　　　冷藏保存溫度帶　　冷卻凍結溫度帶

10

3℃

-2℃　　　　　　　　　　　　　-2℃

0

作業前肉類或鹽漬‧
醃泡過程中，或完成
製品後置於此溫度帶

-10

℃

第3章			第4章							第5章	
風乾肉腸			生火腿、火腿、培根							油封	(℃)
胡椒腸 Pfefferbeisser	白黴肉腸 Edelschimmel	紅椒粉肉腸 Chorizo	生火腿 Coppa	白火腿 Jambon blanc (Ham boil type)	煙燻火腿 Jambon fumée (Ham smoked type)	生培根 Pancetta	培根 Bacon	乾燥熟成鴨胸 Magret de canard séché	煙燻鴨胸 Magret de canard fumée	油封鴨	
											100
										95℃的油脂→85~75℃（2小時）或 蒸氣75℃（12小時）	90
											80
				85℃→75℃加熱	85℃→75℃加熱		85℃→75℃加熱		85℃→75℃加熱		70
				★63℃30分鐘以上	70℃~55℃煙燻 ★63℃30分鐘以上		70℃~55℃煙燻 ★63℃30分鐘以上		70℃~55℃煙燻 ★63℃30分鐘以上		60
											50
											40
	發酵・熟成20℃~14℃	發酵・熟成20℃~14℃	熟成18℃~14℃			熟成18℃~14℃		熟成18℃~14℃			30
乾燥20℃以下											20
3℃~2℃肉餡	3℃~2℃肉餡	3℃~2℃肉餡									10℃ 冷藏保存溫度帶
2℃	2℃	2℃	5℃~2℃	5℃~2℃	5℃~2℃	5℃~2℃	5℃~2℃	5℃~2℃	5℃~2℃	5℃~2℃	0
-2℃	-2℃	-2℃									-2℃
											-10 (℃)

★…完成時確認製品的中心溫度

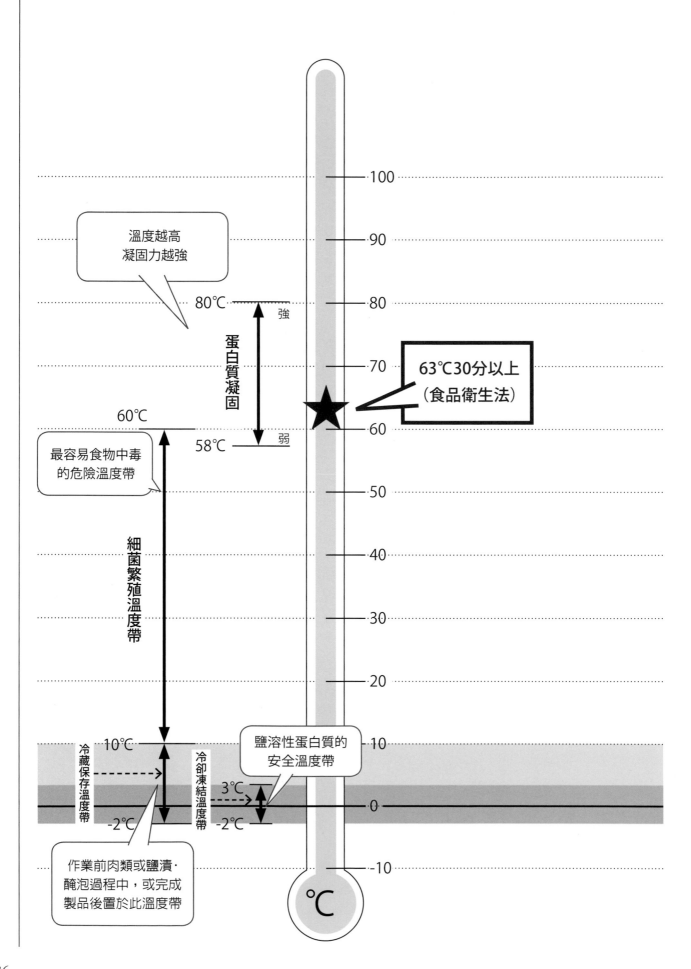

溫度越高
凝固力越強

80℃ — 強

蛋白質凝固

63℃30分以上
（食品衛生法）

60℃

58℃ — 弱

最容易食物中毒
的危險溫度帶

細菌繁殖溫度帶

鹽溶性蛋白質的
安全溫度帶

10℃

冷藏保存溫度帶

冷卻凍結溫度帶

3℃

-2℃

-2℃

℃

100
90
80
70
60
50
40
30
20
10
0
-10

作業前肉類或鹽漬‧
醃泡過程中，或完成
製品後置於此溫度帶

各製品中心溫度與加熱／保存溫度帶

第6章 肝醬			第7章 肉凍				第8章 凍派、肉醬、肉凍卷、肉卷								
雞肝慕斯 Mousse de foie de volaille	鵝肝與鴨肝慕斯 Mousse de foie-gras et foie de canard	肝腸 Leberwurst	鹽漬牛肉 Corned beef	火腿凍 Jambon Persillé	勃艮第火腿凍 Jambon Persillé	豬頭肉凍 Fromage de tête	鄉村凍派 Terrine de campagne	老奶奶凍派 Terrine de grand-mère	肥肝凍派 Terrine de foie-gras	雞肉凍派 Terrine de Poulet	兔肉凍派 Terrine de lapin	豬肉凍卷 Galantine de porc	鴨肉卷 Ballotine de canard	酥皮肉醬 Pâté en croute	歐若拉酥皮肉醬 L'oreiller de la Belle Aurore

加熱溫度

- 雞肝慕斯：烤箱 160℃～90℃；★85℃
- 鵝肝與鴨肝慕斯：蒸烤箱 130℃；★80℃；高溫乳化；60℃～50℃ 鮮奶油；60℃～50℃的保溫
- 肝腸 Leberwurst：蒸烤箱 85℃；★85℃；★★75℃；高溫乳化；60℃～50℃的保溫
- 鹽漬牛肉 Corned beef：約85℃（3小時）
- 火腿凍 Jambon Persillé：約85℃（3小時）；★火腿70℃以上
- 勃艮第火腿凍 Jambon Persillé：約85℃（3小時）；★火腿70℃以上
- 豬頭肉凍 Fromage de tête：約85℃（4～5小時）
- 鄉村凍派 Terrine de campagne：烤箱 170℃～150℃；（20分）→100℃～90℃；★75℃
- 老奶奶凍派 Terrine de grand-mère：烤箱 170℃～150℃；（20分）→100℃～90℃；★75℃
- 肥肝凍派 Terrine de foie-gras：（烤箱120℃）；蒸烤箱 75℃～60℃；★★★61℃～55℃
- 雞肉凍派 Terrine de Poulet：蒸烤箱 200℃～180℃；（30分鐘）→蒸氣 110℃～100℃；★70℃
- 兔肉凍派 Terrine de lapin：蒸烤箱 200℃～180℃；（30分鐘）→蒸氣 110℃～100℃；★70℃
- 豬肉凍卷 Galantine de porc：85℃的高湯；★80℃～75℃
- 鴨肉卷 Ballotine de canard：85℃的高湯；★80℃～75℃
- 酥皮肉醬 Pâté en croute：烤箱 180℃；80℃的凍液；★70℃
- 歐若拉酥皮肉醬 L'oreiller de la Belle Aurore：烤箱 180℃；80℃的凍液；★70℃

（肥肝凍派另標示 20℃～15℃（3～5小時））

冷藏保存溫度帶

溫度範圍
10℃
5℃～2℃（各製品）
0℃
-2℃
-10℃

溫度軸（右側）：100, 90, 80, 70, 60, 50, 40, 30, 20, 10℃, 0, -2℃, -10℃（℃）

★…完成時確認製品的中心溫度

237

結語

在歐洲，餐廳本身並不製作火腿、凍派、肉腸，熟食冷肉會由專賣店購得。 我在歐洲的餐廳工作時，也是向專賣店下訂單。 回到日本之後，想要製作自己喜歡，像是卡酥來砂鍋（Cassoulet）或亞爾薩斯酸菜鍋（Choucroute）等法國鄉土料理時，試著找尋熟食冷肉專賣店，但在日本卻很難買到令人滿意的商品。 沒有辦法之下，閱讀了很多的書進行調查，自己製作了熟食冷肉。 但即使做出產品，完全無法跟當地餐廳使用的匹敵。 因此，我又踏上了探訪歐洲之路。

這次重新前往法國、德國、荷蘭的食品肉類加工廠工作、學習，料理與食品肉類加工雖有共通的知識或技術，但我深刻感受到在基本上與自學有相當大的差異。

現今，在日本也有很多餐飲店開始自製熟食冷肉了，也經常會遇到曾在歐洲進修過幾個月的人。 如果他們讀了這本書，大概會有自己所學的知識得到歸納，進而能有長足展望的感覺吧。 而長久以來一直存在，「雖然沒有錯，但沒有正確的知識和技術，很可能會造成食物中毒事故」的擔心，也會隨之減少吧。

熟食冷肉，從古至今一直是以保存食材而製成，雖然是具有保存性的方便食品，但沒有為此非得進行製作的必要。 但是因其美味，加熱時間和溫度以自己的方式進行，或是降低鹽分用量等，可能有一出錯，就會造成很大的事故或食物中毒的狀況。 既是食品，那麼在美味之前，更優先重要的是安全。 所以除了盡可能瞭解熟食冷肉相關的烹調知識之外，對於細菌或病毒的抑制等化學、生物學的知識，也有必要徹底理解，並有意識的進行衛生管理。

熟食冷肉與烹調不同，連同作業過程有很多的確認重點，都必須仔細確實透過HACCP的條件來進行。 雖然困難，但不要被腦海中怕麻煩的的念頭打倒，藉由這樣的機會多理解，一旦實際落實，導入HACCP就容易多了，請務必親自理解並嘗試一次看看。

日本和美國的衛生基準不同，我想也因為專賣店與餐飲店的材料與工具不同，所以有相當多的受限和制約，但請先試著瞭解本書中的基本事項。我自己本身也為了整理書中的一些創意食譜配方，而有了些新發現，獲得非常有幫助的經驗，也成為Lindenbaum店內重新檢視菜單的契機。若想要做些調整時，一次變化一個地進行調整，無論是優點或缺點，都更容易被發現，也更容易修正。

現今，資訊情報很容易就能取得的時代，即使只是閱讀，我想應該也都能理解。但若沒有基礎經驗，也無法充分理解知識本身的意思，那可能就無法確實體會與活用。我也是經年累月地給自己Q&A，在反覆地淬煉之後，終於能夠彙整出今日的這些知識。

製作肉腸是件快樂的事。與頂級的套餐不同，從附近的小朋友到很久不見的婆婆，是一種任誰都能享用，簡樸又美味的食物。今天，在店內邊看著往來的人群邊製作肉腸，讓我深深地體會到幸福的感覺。
如此每一天體悟到的內容得以收納成冊，在此要向攝影師東谷幸一先生、編輯的松成容子女士，以及在職場上長期協助我的工作人員們，以及我的妻子譽子，致上我由衷的感謝之意。

2018年11月

吉田　英明

參考資料

● L'encyclopédie de la charcuterie
(Alain Juillard et Jean-Claude Frentz)

● Le livre du compagnon charcutier-traiteur
(Jean-Claude Frentz et Michel Poulain)

● Les base de la charcuterie
(André Delplanque et Serge Cloteaux)

●Die Fabrikation feiner Fleisch- und Wurstwaren:
Das Standardwerk zur traditionellen Herstellung
von Fleischerzeugnissen(Produktionspraxis
im Fleischerhandwerk)
(Hermann Koch und Martin Fuchs)

● ausgezeichnete deutsche wurst rezepte
(Hans Holzmann Verlag)

● Fachkunde für Fleischer Band 2
(H.;Hirche,P.Marienhagen)

●今さら聞けない肉の常識
（平野正男、鏡　晃著）食肉通信社

●高度・高品質　食肉加工技術
（岡田邦夫著）幸書房

●改訂新版　食肉製品の知識
（鈴木　晋、三枝弘育著）幸書房

●肉の機能と科学
（松石昌典、西邑隆德、山本克博編）朝倉書店

●最新畜産物利用学
（齋藤忠夫、西村敏英、松田　幹編）朝倉書店

系列名稱 / MASTER

書　名 / 熟食冷肉正統技術大全

作　者 / 吉田英明

出版者 / 大境文化事業有限公司

發行人 / 趙天德

總編輯 / 車東蔚

翻　譯 / 胡家齊

文編校對 / 編輯部

美　編 / R.C. Work Shop

地　址 / 台北市雨聲街77號1樓

TEL / (02)2838-7996

FAX / (02)2836-0028

初版日期 / 2019年11月

定　價 / 新台幣980元

ISBN / 9789869213196

書　號 / M17

讀者專線 / (02)2836-0069

www.ecook.com.tw

E-mail / service@ecook.com.tw

劃撥帳號 / 19260956大境文化事業有限公司

HONBA NO AJI GA DASERU CHARCUTERIE NO HONKAKUGIJUTSU

© HIDEAKI YOSHIDA 2019

Originally published in Japan in 2019 by ASAHIYA PUBLISHING CO., LTD.

Chinese translation rights arranged through TOHAN CORPORATION, TOKYO.

國家圖書館出版品預行編目資料

熟食冷肉正統技術大全

吉田英明 著；-- 初版.-- 臺北市

大境文化，2019[民108] 240面；21×30公分.

（MASTER：M17）

9789869620598

1.肉類食物　2.烹飪

427.2　　108012880

協力廠商一覽表（依五十音排序）

● 株式会社アイマトン：0125-24-1105
　　（全部各類肉食　　鵝油、片狀背脂等）

● 株式会社アルカン：03-3664-6511（全部各類輸入食品）

● 有限会社マル利陶器：0572-22-2714
　　（餐具、盤皿、肉醬Pâté模型等）

● 株式会社エフ・エム・アイ：0120-080-478（調理機具）

● 株式会社なんつね
　　（全部各類肉類食品加工機器的製造販售、辛香料、添加物、
　　腸衣類之販售）
　　・食肉加工機器類：072-939-1500
　　・調味料、スパイス、添加物：072-976-6860
　　・ケーシング類：072-976-6860

● ラプス・ジャパン株式会社：045-640-0677（辛香料進口代理）

● SKW イーストアジア株式会社：03-3288-7351
　　（鹽、辛香料、添加物進口代理）

● 株式会社第一化成 大阪オフィス：06-6943-1761
　　（添加物、調味料類製造廠商）

照片協助

● SKW イーストアジア株式会社（P.14）

■ 企劃・製作　　有限会社たまご社

■ 編　　輯　　松成　容子

■ 攝　　影　　東谷　幸一

■ 藝術總監　　佐藤　暢美（ツー・ファイブ）

■ 設　　計　　佐藤　暢美／榎阪　紀子（ツー・ファイブ）